I0043277

Modélisation de la Viscosité et de l'Autodiffusion Ionique en Solution

Noureddine Ouerfelli

Modélisation de la Viscosité et de l'Autodiffusion Ionique en Solution

Ions radioactifs de lanthanides trivalents dans les mélanges binaires et similarité de structure avec les transuraniens

Presses Académiques Francophones

Impressum / Mentions légales
Bibliografische Information der Deutschen Nationalbibliothek: Die Deutsche Nationalbibliothek verzeichnet diese Publikation in der Deutschen Nationalbibliografie; detaillierte bibliografische Daten sind im Internet über http://dnb.d-nb.de abrufbar.
Alle in diesem Buch genannten Marken und Produktnamen unterliegen warenzeichen-, marken- oder patentrechtlichem Schutz bzw. sind Warenzeichen oder eingetragene Warenzeichen der jeweiligen Inhaber. Die Wiedergabe von Marken, Produktnamen, Gebrauchsnamen, Handelsnamen, Warenbezeichnungen u.s.w. in diesem Werk berechtigt auch ohne besondere Kennzeichnung nicht zu der Annahme, dass solche Namen im Sinne der Warenzeichen- und Markenschutzgesetzgebung als frei zu betrachten wären und daher von jedermann benutzt werden dürften.

Information bibliographique publiée par la Deutsche Nationalbibliothek: La Deutsche Nationalbibliothek inscrit cette publication à la Deutsche Nationalbibliografie; des données bibliographiques détaillées sont disponibles sur internet à l'adresse http://dnb.d-nb.de.
Toutes marques et noms de produits mentionnés dans ce livre demeurent sous la protection des marques, des marques déposées et des brevets, et sont des marques ou des marques déposées de leurs détenteurs respectifs. L'utilisation des marques, noms de produits, noms communs, noms commerciaux, descriptions de produits, etc, même sans qu'ils soient mentionnés de façon particulière dans ce livre ne signifie en aucune façon que ces noms peuvent être utilisés sans restriction à l'égard de la législation pour la protection des marques et des marques déposées et pourraient donc être utilisés par quiconque.

Coverbild / Photo de couverture: www.ingimage.com

Verlag / Editeur:
Presses Académiques Francophones
ist ein Imprint der / est une marque déposée de
OmniScriptum GmbH & Co. KG
Heinrich-Böcking-Str. 6-8, 66121 Saarbrücken, Deutschland / Allemagne
Email: info@presses-academiques.com

Herstellung: siehe letzte Seite /
Impression: voir la dernière page
ISBN: 978-3-8416-3741-3

Zugl. / Agréé par: Tunis, Université de Tunis El Manar, TN 2011

Tables des Matières

1

Ce travail est un extrait de l'Habilitation Universitaire Chimie Inorganique (option Radiochimie) Soutenue le 18/03/2011 est intitulée : « Contribution à la modélisation de la viscosité et de l'autodiffusion ionique des traceurs radioactifs trivalents de terres rares dans les mélanges binaires et similarité de structure avec les transuraniens».

Depuis la préparation de la Thèse en Chimie Inorganique (option Radiochimie), j'ai été Membre du Laboratoire de Chimie Analytique et d'Electrochimie depuis 1996 jusqu'à 2008 et de l'Unité de Recherche Physico-chimie des Matériaux de la Faculté des Sciences de Tunis (F.S.T.) depuis 2009 jusqu'à présent. Cependant, ce présent travail a été réalisé expérimentalement et précédemment dans le Laboratoire de Diffusion Ionique et le Laboratoire d'électrochimie et de diffusion à la F.S.T. et récemment dans le Laboratoire de Physiques des Liquides et d'Optique non Linéaire (F.S.T.) et dans le Laboratoire de Physique des Liquides Critiques (F.S.B.), ainsi que dans certains résultats expérimentaux fournis du 'Laboratory of Thermodynamical chemistry' Bucharest, Romania et du 'Laboratory of Thermodynamics' Darjeeling, India dans le cadre de la collaboration et exploitation des résultats communs.

Je tiens à remercier vivement Monsieur le Professeur *Noureddine Amdouni* Responsable de l'Unité de recherche Physico-chimie des Matériaux du Département de Chimie de la F.S.T., qui m'a bien accueilli dans son Laboratoire en essayant de trouver des solutions pour me procurer du produits et du matériel pour la chimie des solutions et en me permettant de co-encadrer deux mastères de recherche qui ont donné le fruit de quelques publications acceptées.

Monsieur le Professeur *Arbi Mgaidi* m'a fait l'honneur de rapporter et juger ce travail, je tiens à le remercier pour les discussions très fructueuses sur les modélisations surtout sur la viscosité et je tiens à témoigner sur sa participation effective, active et pertinente avec Monsieur *Habib Latrous* sur l'autodiffusion ionique, la solvatation et l'hydrolyse des ions lanthanides depuis 1995 et je regrette que son nom n'ait pas été figuré dans les publications issues.

J'exprime ma gratitude à Monsieur le Professeur *Ali Bechrifa* pour avoir consacré du temps pour rapporter et juger ce travail ainsi que pour ses discussions fructueuses sur la partie thermodynamique et surtout sur les grandeurs d'excès et de mélange.

J'adresse mes respectueux remerciements à Monsieur le Professeur *Khaled Boujlel*, pour l'honneur qu'il m'a fait pour juger ce travail et de présider le jury chargé d'examiner le présent manuscrit en consacrant un peu de son temps précieux malgré les multiples obligations.

Je remercie vivement Monsieur *Nizar Bellakhal* Professeur à l'Institut Supérieur des Sciences Appliquées et de Technologie, qui a accepté, lui aussi, de bien vouloir consacrer un peu de son temps, au jugement de ce travail.

Je suis très sensible à l'honneur que m'a fait Madame le Professeur *Fatma Matoussi* (INSAT) pour ses efforts et ses essais continus pour me procurer du matériel dans le Laboratoire de Chimie Analytique et Electrochimie dirigé par Monsieur le Professeur *Mohamed Dachraoui*, et ceci dans l'espérance de m'aider à faire quelques choses de concret dans la chimie des solutions et dont je suis malheureusement le seul dans ce domaine dans le dit Laboratoire. Qu'elle trouve ici mon profond respect pour son aide et son encouragement moral.

J'exprime ma gratitude à Monsieur le Professeur *Manef Abderabba*, Directeur Général des ISET, pour l'intérêt constant qu'il a manifesté à mon égard et à Monsieur *Rafik Besbes* Maitre Assistant (Unité de Recherche Physico-Chimie Moléculaire IPEST, La Marsa) et coéquipier du Professeur Emérite *Habib Latrous* et ceci pour m'encourager à continuer à exploiter les résultats encore bruts du DEA et de la Thèse concernant l'autodiffusion, l'hydrolyse et la solvatation des ions trivalents de lanthanides ainsi que la similarité de structure avec les ions trivalents actinides et spécialement les transplutoniens. J'ajoute encore que c'est grâce à son attention portée à cet axe de recherche que mon nom commence de plus en plus à être figuré dans les travaux de similarité des ions trivalents des séries 4f et 5f que j'ai commencé depuis 1991 et qu'ils n'ont pas eu la chance de voir la lumière du jour malgré qu'ils ont été lu par des sommités tels que *Joseph A. Rard* (Livermore California USA) et *Marius Chemla* (Université Marie-Curie Paris VI France).

Je remercie vivement mes Collègues de Mathématiques : Monsieur *Moncef Bouaziz*, Mademoiselle *Naouel Zrelli* et Monsieur *Abderraouf Tlili*, Maitres-Assistants pour leurs efforts pour comprendre la partie chimique et pour leur contribution à l'investigation du coté mathématique des modèles utilisés ainsi que pour leur collaboration à la rédaction, dans les normes des mathématiques, de publications communes.

Je tiens à exprimer ma sympathie et mes remerciements aux collègues physiciens *Emna Chérif* (Laboratoire de la Physique de la Matière Molle) et *Taoufik Kouissi* (Laboratoire de Physique des Liquides et d'Optique Non Linéaire) à la Faculté des Sciences de Tunis qui n'ont pas hésité à m'offrir à titre divers leurs services en particulier, les calculs sur les exposants universels (paramètres d'ordre) des mélanges binaires critiques. Qu'ils trouvent ici l'expression de mon profond respect.

Je remercie également le Professeur *Mohamed Taïeb Ben Dhia* (F.S.T.) pour les discussions fructueuses sur la solvatation préférentielle des ions $^{153}Gd^{3+}$ et $^{152}Eu^{3+}$ dans les mélanges associants eau-dioxanne ainsi que pour la lecture attentive d'une publication sur les précédents mélanges.

Je tiens aussi à exprimer ma sympathie et mes remerciements à tous les collègues qui n'ont pas hésité à m'offrir à titre divers leurs services. Qu'ils trouvent ici l'expression de mon profond respect pour leur aide morale. Je nommerai particulièrement Monsieur **Abdessattar Cherni** pour sa collaboration à la rédaction d'un projet d'article sur l'hydrolyse des ions $^{153}Gd^{3+}$ et pour son dévouement en de multiples occasions.

Enfin, je ne pourrais pas terminer sans exprimer ma profonde affection pour mon épouse pour le dévouement et la patience dont elle a témoigné devant les problèmes que j'avais à surmonter et les douleurs que j'ai vécues dans mes recherches ainsi que pour son encouragement constant et tous les sacrifices qu'elle a fait pour atteindre avec moi l'achèvement de ce travail.

Acknowledgements

We are grateful to Professors **José V. Herráez** and **Rafael Belda-Maximino** (Valencia, Spain) for their constant encouragement and with whom we performed their models recently proposed for giving them physical significances and generalization.

I would like to show my gratitude to Professor **Jacques E. Desnoyers** (Quebec, Canada) through the Editor of the Journal of solution Chemistry for their interesting advices and suggestions for the reduced Redlich-Kister excess function which is very rarely investigated in the literature.

Further, I would like to extend sincerely my thanks to Professor **Olga Iulian** (Bucharest, Romania) for their long helpful advices, discussions and suggestions in the common writing of publications for high scientific level, also for presenting their own experimental data in binary mixtures for investigations.

I would like to take the opportunity to thank Professor **Mahendra Nath Roy** (University of North Bengal, India) for the trust by proposing me to reviewing two publications and to reporting two Theses (Ph.D. in Chemistry, Science) for their researchers' students of the University of North Bengal.

Particular thanks and gratitude go to the Professor **Debashis Das** (Darjeeling, India) for useful correspondences and for presenting their own experimental data in binary liquid mixtures for common testing the validity of the very recent proposed models.

Also we thank The Professor **Mohamed Ben Abd-el-Kader** (ISTMT, Tunisia) for the reading of some manuscripts of articles projects.

Résumé des Travaux de la Thèse

La Thèse de Doctorat d'Université en Chimie Inorganique (option Radiochimie) est intitulée : « Contribution à l'étude de la viscosité et de l'autodiffusion ionique des

6

terres rares ^{153}Gd(III), ^{170}Tm(III) et ^{152}Eu(III) en solution aqueuse et hydro-organique et similarité de structure avec les transuraniens à 25°C ».

Suite à une étude bibliographique sur l'autodiffusion, la conductivité, la viscosité, l'association et la thermodynamique des interactions dans les solutions aqueuses ainsi que dans les solutions hydro-organiques, nous avons exposé dans un premier chapitre un rappel théorique sur les phénomènes de transport dans les solutions aqueuses diluées en électrolyte support ainsi que sur la variation du coefficient d'autodiffusion ionique avec la concentration.

Le deuxième chapitre développe les méthodes expérimentales de mesure de la masse volumique et de la viscosité ainsi que la technique de la méthode du capillaire O.E.C.M. à 25°C pour la détermination des coefficients d'autodiffusion ionique des traceurs radioactifs de certains cations trivalents des séries 4f et 5f.

L'étude de la variation de la densité, de la viscosité cinématique et de la viscosité dynamique des solutions aqueuses de terres rares ainsi que celles des mélanges eau-dioxanne, en fonction de la température et de la concentration des électrolytes support, est développée dans le troisième chapitre.

La partie principale de la Thèse relative à l'autodiffusion ionique des cations trivalents de lanthanides dans les solutions aqueuses d'électrolyte support de terre rare se répartit en quatre thèmes dans le quatrième chapitre :

1* Hydrolyse des ions ^{153}Gd(III), ^{170}Tm(III) et ^{152}Eu(III) dans l'eau à 25°C

Nous avons montré que le choix de la valeur du pH fixé à 2,50 constitue une condition optimale pour éviter l'hydrolyse, minimiser la formation de paires d'ions ou de complexes et de réduire l'effet de concentration, quand les interactions ion-ion sont en prépondérance relativement aux interactions ion-solvant. Nous avons remarqué que les cations trivalents de terres rares étudiés sont faiblement hydrolysables.

2* Etude de l'autodiffusion des ions ^{153}Gd(III) et ^{170}Tm(III) dans les solutions aqueuses d'électrolyte support de terres rares à pH 2,50 à 25°C

Le test de linéarité de la fonction logarithme de D en fonction du logarithme de la concentration montre que l'écart à la loi limite d'Onsager est observé pour une concentration en électrolyte voisine de 10^{-3} mol.L^{-1}. Par conséquent, cette étude nous a amené à étendre la loi limite aux milieux moyennement concentrés en proposant un modèle simple à un paramètre ajustable pour les valeurs des concentrations allant jusqu'à 0,3 M.

3* Etude de l'hydratation des ions ^{153}Gd(III) et ^{170}Tm(III)

L'étude de la corrélation entre les phénomènes de diffusion et de viscosité montre que la variation du produit de Walden $D_i\eta$ nous fournit une indication structurale de la solvatation du cation lanthanide (III) étudié. Ce produit marque une certaine constance pour le domaine de faible concentration d'électrolyte support, montrant ainsi une stabilité de structure. Pour des valeurs de concentrations moyennes et élevées, une augmentation très rapide de $D\eta$ est observée, traduisant ainsi un changement de structure. Le nombre total d'hydratation est estimé à environ 13 molécules d'eau entourant le cation trivalent de lanthanide.

4* Similarité de structure avec les actinides trivalents (5f)

En vue d'en déduire certaines propriétés thermodynamiques, nous avons montré une analogie de structure de solvatation des ions trivalents lanthanides avec les ions trivalents actinides étudiés dans la littérature en solutions aqueuses à pH 2,5.

Et en fin dans le cinquième chapitre nous avons déterminé les coefficients d'autodiffusion (D) des cations ^{153}Gd (III) dans les mélanges hydro-organiques associants eau-dioxanne à 25°C en fonction de la composition et étudié le phénomène d'association dans les limites des modèles existants dans la littérature. La variation de la constante d'association en fonction de $1/\varepsilon$ montre qu'il existe un accord avec la théorie Bjerrum-Fuoss uniquement pour les domaines très riches en eau.

Résumé des Travaux Post-Thèse

Les activités de recherche proposées pour l'Habilitation Universitaire Chimie (option Radiochimie) Soutenue le 18/03/2011 est intitulée : « Contribution à la modélisation de la viscosité et de l'autodiffusion ionique des traceurs radioactifs trivalents de terres rares dans les mélanges binaires et similarité de structure avec les transuraniens» est en partie une continuité des travaux de la Thèse et dans une deuxième partie une extension par la détermination de nouvelles données expérimentales, une contribution de modélisation par extension de certains modèles et une proposition de nouvelles équations semi-empiriques. D'autre part nous avons ajouté une étude d'un nouveau système binaire à savoir celui de l'eau-acide isobutyrique à comportement critique (de miscibilité partielle).

Dans l'étude de la densité et de la viscosité des solutions aqueuses d'électrolyte support de terres rares, nous avons proposé une étude expérimentale des solutions aqueuses de $Eu(NO_3)_3$ et $Nd(NO_3)_3$ en fonction de la concentration et de la température. Ensuite nous avons étudié la corrélation entre les volumes molaires partiels qui montre une dépendance mutuelle quadratique. De même nous avons amélioré le modèle proposé dans la Thèse pour la viscosité par une expression explicite, dont la variable est la racine carrée de la molalité (au lieu de la molalité proprement dite), pour être conforme aux comportements de Jones-Dole à grande dilution et celui d'Arrhenius lorsque la température varie.

Pour les mélanges eau-dioxanne nous avons confirmé le comportement mutuel quadratique des volumes molaires partiels. Nous avons critiqué, amélioré et ajouté aussi une signification physique de deux modèles récemment proposés (ceux de Herráez et Belda) et ceci dans le cadre de l'étude de leur validité et de leur compétition avec certains modèles antérieurs.

On a aussi réalisé une étude complète (analogue aux exploitations précédentes) d'un nouveau mélange binaire (eau + acide isobutyrique) à comportement critique en ajoutant la détermination de la courbe de coexistence par une technique inédite ainsi que l'étude de la modélisation de la courbe de transition de phase.

Dans la partie autodiffusion ionique des traceurs radioactifs de cations trivalents de terres rares, nous avons poursuivi les travaux de la Thèse en ajoutant l'autodiffusion des cations ^{152}Eu (III) dans les solutions aqueuses d'électrolyte support de terre rare à 25 °C et à pH 2,5 ainsi que dans les mélanges associants eau-dioxanne- Eu(ClO$_4$)$_3$ 2 10^{-4} M. Suite à cette étude expérimentale nous avons proposé une extension de la limite d'Onsager (qui est valable à 10^{-3} M) par l'injection dans son expression de la valeur de la permittivité électrique du milieu au lieu de celle de l'eau pure dans le but d'atteindre une application du modèle jusqu'à 0,1 M et de compenser la déviation à la loi linéaire. Dans le domaine concentré nous avons proposé une équation semi-empirique (en ajoutant deux paramètres ajustables à l'équation d'Onsager) et discuté sa validité pour être en parfait accord avec les données expérimentales jusqu'à 1,5 M. Grâce à cet avantage et en considérant les coefficients d'autodiffusion limite comme paramètre libre dans les opérations d'ajustement, nous avons fourni de nouvelles valeurs fignolées de ces coefficients qui sont proposés pour les banques de données de la littérature avec des précisions meilleures. De même, grâce à la relation de Nernst-Einstein (Diffusion-conductivité) et à l'étude des similarités de structure entre les cations trivalents de lanthanides et d'actinides réalisé dans la littérature nous avons proposé des valeurs prédictives de conductivités équivalentes limites pour la série 5f très intéressantes pour l'étude thermodynamique de structure et des interactions ainsi que pour des investigations en électrochimie des actinides et dans les processus de transport.

Les mélanges binaires et ternaires occupent une grande place dans les domaines de Chimie Appliquée. Parmi les propriétés physicochimiques des fluides nécessaires à la conception et à l'optimisation des procédés industriels, il convient de mentionner la viscosité comme l'une des plus importantes. Dans l'industrie chimique, les industries alimentaires, cosmétiques et pharmaceutiques, la viscosité est essentielle pour les calculs hydrauliques de transport de fluides et pour les calculs de transfert d'énergie [1-6]. Les applications de la viscosité peuvent impliquer aussi plusieurs domaines, en particulier les opérations de filtration, de pompage et de transvasement des liquides, la pulvérisation (peintures et vernis), la lubrification (huiles de graissage), le remplissage industriel des produits liquides visqueux et pâteux. On peut aussi se servir de la viscosité dans l'industrie, pour caractériser les macromolécules et les particules colloïdales et déterminer leur taille ou encore leur masse molaire dans une solution.

De même, les solutions d'électrolytes jouent un rôle important dans l'industrie chimique et occupent une place de choix dans tous les domaines de la science et de la technologie. Les processus de partage dans les systèmes biochimiques, de précipitation et de cristallisation dans les systèmes géochimiques, le dessalement des eaux et le contrôle de leur pollution ne sont que des exemples parmi la multitude de cas où la connaissance des propriétés des électrolytes et des espèces ioniques en solution est fondamentale. La connaissance de la viscosité des mélanges binaires est par conséquent très importante dans de nombreux procédés industriels. Cependant, l'étude théorique de la viscosité des mélanges est généralement compliquée. De nombreux modèles de corrélation empirique ont été proposés. La plupart des cas rencontrés dans les systèmes industriels évoque la difficulté posée par le comportement non-linéal des mélanges. En conséquence, les données rigoureuses doivent être disponibles avec des modèles capables de fournir une estimation fiable du comportement visqueux des mélanges [7-8].

Dans une deuxième partie, notre travail sera axé sur l'étude des processus de transport dans les électrolytes, utilisant le marquage isotopique des ions, afin de suivre les déplacements de chacune des entités présentes et d'atteindre ainsi les grandeurs physiques individuelles, caractéristiques du mouvement de ces particules, c'est à dire: le coefficient d'autodiffusion.

Dans ce rapport de synthèse, nous présentons l'essentiel de notre contribution à l'étude de la structure d'hydratation ou de solvatation des ions trivalents de terres rares: Ce(III), Eu(III), Gd(III), Nd(III), Tb(III) et Tm(III) en solutions aqueuses et des cations Eu(III) et Gd(III) en solutions hydro-organiques à 25°C [9-25].

Plusieurs théories ont été développées dans le but d'expliquer et de décrire les phénomènes responsables du comportement et des écarts observés par rapport au comportement idéal de ces solutions. La plus ancienne correspond aux travaux de Debye et Hückel [26]. Dans leur modèle, ils considéraient un électrolyte complètement dissocié en ions rigides, ponctuels et chargés, gouvernés par des interactions coulombiennes. Ils prédisaient leur comportement thermodynamique dans une solution diluée en ions en fonction de leurs valences, de la température et des propriétés du solvant. Cette théorie a pu ensuite être étendue en prenant en compte la taille finie des ions dans l'intégration de l'équation de Poisson-Boltzmann.

En ce qui concerne les propriétés dynamiques des électrolytes, Debye puis Onsager et Fuoss [27-28] ont donné des lois limites pour la diffusion, la conductivité [29-30] et pour l'autodiffusion dans les mélanges d'électrolytes [31]. Ils ont introduit un paramètre de taille dans l'intégration des équations dynamiques de Poisson-Boltzmann [32].

Les phénomènes de transport sont particulièrement intéressants dans la mesure où ils donnent une représentation dynamique du milieu considéré, en particulier les associations neutres ne se déplaçant pas sous l'action d'un champ électrique alors qu'elles peuvent diffuser. La comparaison des coefficients de transport correspondants permettra d'étudier la formation de paires, et de faire apparaître éventuellement des espèces autres que la paire neutre. Nous envisagerons alors le coefficient d'autodiffusion ionique qui exprimera le transport d'une espèce ionique individuelle en solution sans variation de la concentration chimique du milieu.

A dilution infinie, l'ion est freiné par son atmosphère ionique (dans le phénomène de diffusion des traceurs, seul existe l'effet de relaxation) et c'est l'évaluation des forces correspondantes qui permet d'expliquer le coefficient de diffusion dans le cadre de la loi limite d'Onsager. Signalons que les grandeurs de transport ionique telles que la conductivité, la mobilité et le coefficient d'autodiffusion, sont plus influencés par la taille de l'ion (interaction ion-solvant) que par les phénomènes d'entraînement ou de réponse diélectrique.

Le choix de l'étude de terres rares repose sur le fait que leurs cations trivalents nus de forte charge et de petite taille, font que le champ électrostatique local soit relativement intense dans la première couche de solvatation, acquérant ainsi aux interactions ion-solvant un caractère électrostatique prédominant. Parmi les différentes méthodes qui permettent d'obtenir des informations sur la nature de la sphère d'hydratation d'un ion en solution aqueuse sont principalement les méthodes radiochimiques qui peuvent être envisagées pour l'étude de la plupart des éléments lanthanides et transuraniens.

Tous les processus de transport sont susceptibles de fournir des paramètres ioniques directement à partir de mesures expérimentales. La relation bien connue de Stokes permet en particulier, de relier le coefficient de diffusion limite $D°$, d'un ion à son rayon effectif en solution. Pour cette raison, et parce que la valeur de $D°$ peut être obtenue par voie radiochimique, pour des éléments présents à l'échelle de trace, nous avons entrepris la mesure des coefficients d'autodiffusion D, pour quelques ions trivalents d'éléments 4f, et à titre de comparaison d'éléments 5f effectués aux USA [9,11-13,17-19,22-25] et en France [33-41].

Signalons qu'outre l'intérêt de permettre l'évaluation (importante dans le cas des éléments de terres rares et transuraniens) du rayon hydraté, et par conséquent, du nombre de molécules d'eau entourant les ions 4f en solution, les mesures des coefficients d'autodiffusion sont utiles en polarographie (le coefficient D est un paramètre intervenant dans la loi d'Ilkovic). L'élaboration d'un traitement unifié de la variation des coefficients de transport ionique avec la concentration, doit pouvoir s'appuyer sur des résultats expérimentaux précis, dans le cas de la diffusion des cations de charge 3.

D'un point de vue plus général, il faut enfin rappeler que les cations trivalents de lanthanides Ln^{3+}, tout comme ceux des actinides An^{3+}, forment un groupe idéal pour l'étude des variations de nombreuses propriétés thermodynamiques en fonction de la taille ionique. En effet, du fait de leur configuration électronique tout à fait particulière, les cations Ln^{3+} des lanthanides (et de même pour les cations d'actinides An^{3+}) ont un comportement très proche. Cet effet est essentiellement influencé par la diminution régulière de leur rayon ionique le long de la série nf. Les données qui peuvent être obtenues sur de tels éléments sont donc très utiles à une meilleure compréhension, sur le plan théorique, de la chimie en général, puisque le rayon ionique constitue le principal paramètre à considérer.

Dans notre étude nous pourrons donc élucider les questions suivantes :

- Déterminer la valeur limite du coefficient d'autodiffusion et la comparer à celle déduite par la méthode conductimétrique et ceci grâce à la relation de Nernst-Einstein.
- Discuter la limite et la validité de la loi d'Onsager.
- Etendre la loi limite aux milieux moyennement concentrés en modifiant la valeur de la permittivité électrique ou en proposant un modèle simple à un paramètre ajustable.
- Etendre la loi limite aux milieux concentrés en proposant un modèle simple à deux paramètres ajustables et donner des valeurs fignolées des coefficients d'autodiffusion limites des cations trivalents de terres rares.

- Etudier la loi de Walden ainsi que la corrélation entre les phénomènes de diffusion et de viscosité et délimiter les domaines de prépondérance entre les interactions ion-ion et ion-solvant.
- Etudier la similarité de comportement des éléments 4f et 5f dans les phénomènes de transport et proposer des valeurs prédictives des conductivités équivalentes limites des cations trivalents d'actinides.
- Etudier les phénomènes d'association et discuter la validité de la loi de Fuoss dans le cas des électrolytes asymétriques 3:1 de [153]Gd (III) et [152]Eu (III) dans les mélanges hydro-organiques associants eau-dioxanne.
- Interpréter et exploiter la variation du volume molaire partiel des différents constituants des solutions étudiées.
- Vérifier la loi d'Arrhenius pour les variations en fonction de la température de la viscosité de cisaillement des milieux étudiés, puis discuter la relation entre l'énergie d'activation et la molalité de l'électrolyte.

Dans la première partie (A) consacrée à l'étude des viscosités des mélanges binaires et dans un premier temps, nous avons jugé utile d'étudier les masses volumiques des solutions aqueuses d'électrolytes de terres rares ainsi que des solutions hydro-organiques et ceci pour les raisons suivantes :

- Utiliser les valeurs des masses volumiques (ρ) pour déterminer les viscosités dynamiques (η) par le produit de (ρ) avec la viscosité cinématique (ν) mesurée expérimentalement.
- Elucider les corrélations autodiffusion-viscosité, l'effet de la concentration sur la loi Walden et déterminer les rayons et les nombres d'hydratation ou de solvatation.
- Connaitre les corrélations entre les volumes molaires partiels des constituants d'un mélange et contribuer à une éventuelle modélisation.
- Connaitre les volumes effectifs des molécules au sein des mélanges afin d'améliorer le calcul des nombres d'hydratation ou de solvatation.
- Déterminer la courbe de coexistence d'un mélange binaire à miscibilité partielle (eau-acide isobutyrique).

Dans un deuxième temps, nous avons déterminé la viscosité et étudié sa variation en fonction de la composition et de la température. Nous avons aussi étudié la compétition entre des modèles antérieurs, principalement celui de Redlich-Kister qui est très utilisé [42] et deux modèles empiriques très récemment proposés (ceux de Herráez et Belda) [7-8] où nous avons donné des significations physiques à certains de leurs paramètres. Dans ce même contexte nous avons proposé une extension semi-empirique d'un modèle antérieur, celui de Grunberg-Nissan [43].

Dans la deuxième partie (B) consacrée à l'étude des phénomènes d'autodiffusion ionique des cations trivalents de lanthanides, nous avons déterminé les coefficients d'autodiffusion (D) des cations [152]Eu (III) dans les solutions aqueuses d'électrolyte support de Eu(ClO$_4$)$_3$ à 25°C et pH 2,5. De même, nous avons délimité les domaines de validité des lois limites d'Onsager et proposé son extension aux domaines moyennement concentrés par un modèle à un paramètre ajustable et dans les domaines concentrés par un modèle à deux paramètres ajustables [9-11].

Et grâce à la similarité de structure entre les cations trivalents 4f et 5f, nous avons proposé des valeurs prédictives des conductivités équivalentes limites λ_i^0 des cations trivalents d'actinides étudiés dans la littérature [9-13].

Dans un deuxième chapitre, nous avons déterminé les coefficients d'autodiffusion (D) des cations [152]Eu(III) dans les mélanges hydro-organiques associants eau-dioxanne à 25°C [20,21,44] en fonction de la composition et nous avons étudié le phénomène d'association dans les limites des modèles existants dans la littérature.

Notons que tout au long de ce travail, nous avons déterminé et exploité les résultats expérimentaux en vue d'une interprétation conduisant à délimiter les domaines de validité de certaines lois limites, à proposer des extensions semi-empiriques et à fournir des données récentes pour une contribution aux études de structure des ions trivalents de lanthanides et actinides ainsi que pour des applications thermodynamiques.

Partie A

Viscosité des mélanges binaires liquides

Chapitre I

Densité des mélanges binaires liquides et propriétés dérivées

A.I.1. Introduction

Nous avons étudié la masse volumique ρ (g.cm^{-3}) des différentes solutions binaires principalement pour les deux objectifs suivants :

A.I.1.1. *Détermination de la viscosité dynamique (η)*

La viscosité dynamique η (poise ou mPa.s) est reliée directement à la masse volumique ρ (g.cm^{-3}) par la relation suivante :

$$\eta = \rho.\nu \qquad (1)$$

où ν représente la viscosité cinématique (en Stokes ou cm^2.s^{-1}) qui est déterminée expérimentalement à l'aide d'un viscosimètre de précision par la mesure d'une durée d'écoulement de la solution dans une cellule plongée dans un bain thermostaté qui fixe la température du milieu à une précision inférieure à 10^{-2} K.

De même, la mesure de la masse volumique est assurée par un densimètre de précision ($< 10^{-4}$ g.cm^{-3}) par la méthode de résonance d'un tube capillaire vibrateur.

Par suite, la connaissance de la viscosité η est nécessaire pour calculer le produit de Walden :

$$D.\eta \qquad (2)$$

où D désigne le coefficient d'autodiffusion ionique d'un traceur radioactif d'un cation trivalent de terres rares Ln(III) ou An(III).

Rappelons que le produit de Walden est très utile pour la connaissance et l'étude de la structure d'hydratation ou de solvatation des ions des séries 4f et 5f en solutions aqueuses ou hydro-organiques ainsi que d'autres grandeurs thermodynamiques.

A.I.1.2. *Propriétés thermodynamiques relatives aux volumes molaires*

La connaissance des valeurs des masses volumiques ρ des mélanges binaires à différentes compositions et températures permet d'accéder aux propriétés volumiques molaires et partielles de mélange ainsi qu'aux coefficients de compressibilité thermique (α) et de compressibilité isentropique (χ) et d'autres grandeurs d'excès telle que $(\partial H^E/\partial p)_{T,x}$ etc ...

De même, la représentation graphique de ces grandeurs d'excès en fonction de la composition du mélange binaire, va nous permettre de discuter la validité de certains modèles de la littérature, particulièrement l'expression très utilisée de Redlich-Kister et proposer chaque fois qu'il est possible une extension (c.f. Chap A.III).

A.I.2. Densité des solutions aqueuses d'électrolyte support de sels de terres rares à cations trivalents

A.I.2.1. *Etude de la variation de la masse volumique des solutions aqueuses de certains nitrate de lanthanides trivalents en fonction de la molarité à 25°C*

A 25°C, les résultats des mesures de la masse volumique sont réalisés dans un domaine de concentration molaire allant de 0 à 4 mol.L^{-1} pour deux solutions de nitrate de terre-rare (à savoir le nitrate de néodyme $Nd(NO_3)_3$ et le nitrate d'europium $Eu(NO_3)_3$; Tableau 1). La variation de la masse volumique en fonction de la concentration molaire C est pratiquement linéaire pour les solutions diluées. Nous pouvons alors utiliser l'équation suivante:

$$\rho = \rho_0 (1 + a.C) = \rho_0 + \delta.C \qquad (3)$$

où ρ_0 représente la masse volumique de l'eau pure ($\rho_0 = 0{,}99705$ g.cm^{-3}), nous remarquons que la valeur de la pente δ déduite de la courbe de la Fig.1 est en parfait accord avec les résultats rapportés par Spedding [45] pour des solutions aqueuses de certains nitrates de terre-rare (Tableau 1) calibrés pour des concentrations molaires allant de 0,001 à 0,1 mol.L^{-1}.

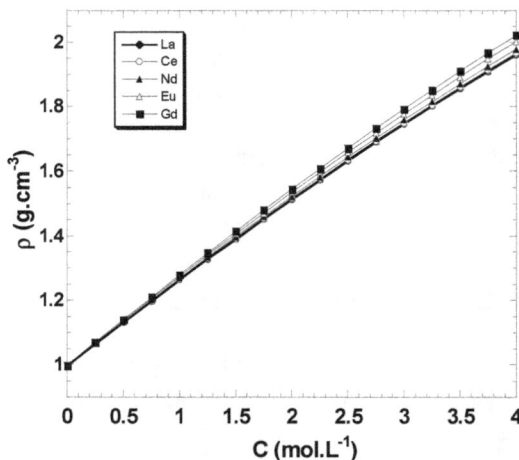

Figure 1. Variation de la masse volumique ρ (g.cm^{-3}) à 25°C d'une solution aqueuse de nitrate de lanthanide Ln (III) avec la concentration molaire C de ce sel Ln(NO$_3$)$_3$.

Tableau 1 : Coefficients δ = a.ρ_0 de l'équation 3 correspondants aux masses volumiques des solutions aqueuses de certains nitrates de terre-rare Ln(NO$_3$)$_3$ à 25°C. Z : nombre de charge et A : nombre de masse du cation trivalent de lanthanide Ln (III).

Formule brute	La(NO$_3$)$_3$	Ce(NO$_3$)$_3$	Nd(NO$_3$)$_3$	Eu(NO$_3$)$_3$	Gd(NO$_3$)$_3$
Z (Ln(III))	57	58	60	63	64
A (Ln(III))	139	140	144	152	157
δ = a.ρ_0 (g.mol^{-1})	275[a]	278[a]	280[b]	286[b]	291[a]
	274[c]	-	279[c]	-	289[c]

(a) : travail précédent [46] ; (b) : ce travail ; (c) : Référence [45].

Notons que dans les domaines des solutions concentrées (C > 1 mol.L^{-1}), le comportement de la masse volumique devient non linéaire (Fig.1) et l'ajustement en un polynôme de forme quadratique (Eq. 4) représente avec une très bonne précision la variation de ρ en fonction de C:

$$\rho = \rho_0 (1 + a.C + b.C^2) \qquad (4)$$

Notons que dans le cadre de tentative de modélisation et de donner un caractère semi-empirique aux équations 3 et 4, nous pourrons remarquer que le coefficient δ (Eq. 3, Tableau 1) est en relation directe avec le volume molaire partiel à dilution infinie du nitrate de lanthanide Ln(NO$_3$)$_3$:

$$V_1^\infty = M/\rho_{eau} + 1000.\rho_{eau}.\delta \qquad (5)$$

Où M représente la masse molaire de Ln(NO$_3$)$_3$.
De même la représentation graphique du coefficient δ (Fig. 2, Tableau 1) montre que celui-ci est très corrélé avec le nombre de masse A du cation de lanthanide Ln(III).

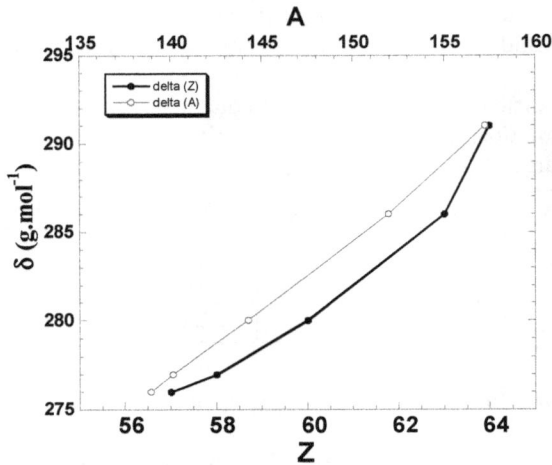

Figure 2. Variation du coefficient $\delta = a.\rho_0$ (g.mol^{-1}) de l'équation 3 à 25°C d'une solution aqueuse de nitrate de lanthanide Ln(NO$_3$)$_3$ avec le nombre de charge Z et le nombre de masse A du cation trivalent de lanthanide Ln(III).

A.I.2.2. *Etude de la variation de la masse volumique en fonction de la température d'une solution aqueuse de nitrate de lanthanide Ln(NO$_3$)$_3$ à pression constante et pour chaque concentration molaire fixée en Ln(NO$_3$)$_3$.*

L'effet de la température sur la variation de la masse volumique des solutions aqueuses d'électrolyte en fonction de la concentration est intéressant, surtout dans l'étude de la variation de la viscosité de cisaillement et celle du coefficient d'autodiffusion (D) des ions Ln (III) marqués en fonction de la température pour évaluer l'effet de la concentration de l'électrolyte sur la variation de l'énergie d'activation de viscosité, sur le nombre d'hydratation et sur les enthalpies et entropies d'hydratation.

Cependant on peut remarquer qualitativement que la variation de la masse volumique en fonction de la concentration est accentuée lorsque la température de la solution diminue. Cette remarque peut être formulée autrement par l'étude de la variation de la masse volumique en fonction de la température qui s'accentue lorsque la solution est plus concentrée en électrolyte.

On peut remarquer aussi que la valeur du coefficient de compressibilité thermique des solutions aqueuses de terres rares est assez importante relativement à celles d'autres sels à cations monovalents ou divalents.

18

A.I.2.3. *Etude de la variation des volumes molaires partiels dans les solutions aqueuses de nitrate de Cérium Ce(NO₃)₃ à 25°C*

La connaissance de la masse volumique à 25°C des solutions aqueuses de nitrate de cérium (III) en fonction de la molarité (C) permet de calculer les valeurs des fractions molaires du nitrate de cérium (x) et celles de l'eau (1-x), ainsi que le volume molaire de la solution aqueuse à chaque composition. La représentation graphique du volume molaire en fonction de la fraction molaire en nitrate de cérium (x) ainsi que sa simulation en un polynôme de 4ème degré (avec une très bonne régression) nous a permis de déterminer sa dérivation par rapport à x et par conséquent de calculer les volumes molaires partiels du sel (V_1) ainsi que ceux de l'eau (V_2), et de les représenter en fonction des fractions molaires ($x = x_1$) et des molarités (C) de $Ce(NO_3)_3$ (Figs. 3-a et 3-b).

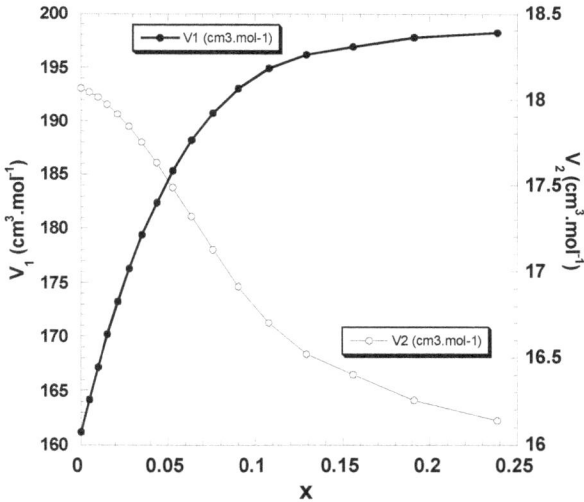

(a)

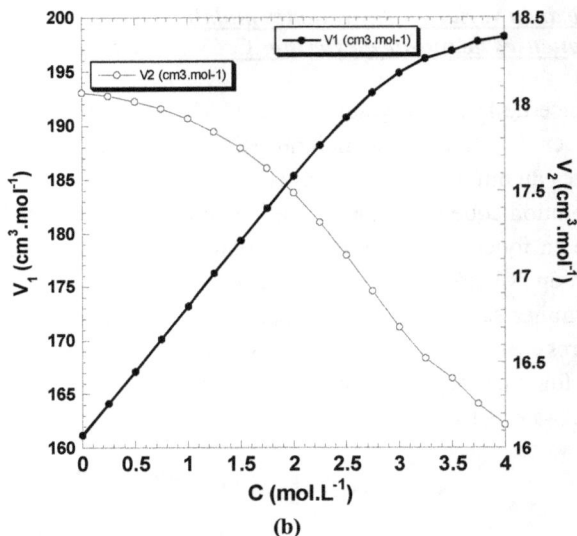

Figure 3 : Variation des volumes molaires partiels, V_1 du nitrate de cérium(III) et V_2 de l'eau, **(a)** : en fonction de la fraction molaire **x** du nitrate de cérium $Ce(NO_3)_3$; **(b)** : en fonction de la fraction molarité **C** du nitrate de cérium $Ce(NO_3)_3$ à 25°C.

La connaissance du volume molaire partiel d'une espèce, nous permet d'évaluer le volume effectif de la molécule occupée par cette espèce au sein de la solution ayant une concentration déterminée. Nous remarquons que les deux volumes molaires partiels V_1 et V_2 varient en sens inverses d'une manière strictement monotone et tendent asymptotiquement à une valeur limite dans les zones de très forte concentration en $Ce(NO_3)_3$ (près de la solubilité). Cependant, le volume molaire effectif d'eau diminue de 15 % environ depuis celui de l'eau pure jusqu'aux solutions très concentrées en $Ce(NO_3)_3$ et sa variation en fonction de la concentration présente un point d'inflexion autour de $x \approx 0,05$ (soit $\approx 2,85$ mol.L^{-1} à 25°C). Ce volume effectif permet de corriger le calcul des valeurs du nombre total d'hydratation des molécules d'eau hydratant les cations Ce (III) dans l'expression du produit de Walden (D.η) et l'équation de Stokes.

La variation du volume effectif molaire de l'électrolyte étudié augmente lorsque sa concentration augmente et présente un accroissement important de 30 % environ depuis la dilution infinie jusqu'à la saturation. Cette variation permet de connaître la nature thermodynamique de la solution (l'écart à l'idéalité) et d'évaluer explicitement l'effet d'électrostriction. Ajoutons que loin de la saturation, ce volume augmente linéairement avec la concentration molaire (Fig. 3b).

Cependant l'élimination de paramètres : fraction molaire (x) ou concentration molaire (C) en tant que variable dans les expressions des volumes molaires partiels $V_{1,2} = f_1(x)$ ou $V_{1,2} = f_2(C)$ (Figure 3) conduit à examiner la dépendance mutuelle directe ou la corrélation entre les volumes molaires partiels $V_j = f(V_i)$ représentés par la Figure 4.

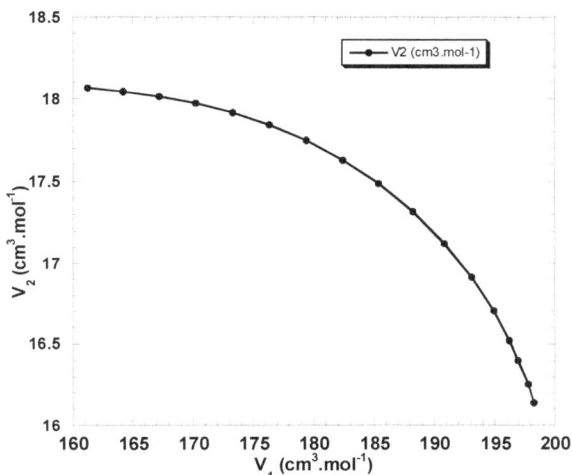

Figure 4 : Variation du volume molaire partiel V_2 de l'eau en fonction du volume molaire partiel V_1 du nitrate de cérium (III) $Ce(NO_3)_3$ à 25°C.

La décroissance monotone de $V_2 = f(V_1)$ affirme bien la variation dans le sens inverse des volumes molaires partiels. Les deux demi-tangentes horizontale et verticale aux extrémités de la courbe sous-entendent mathématiquement que l'allure de la courbe $V_j = f(V_i)$ a un caractère elliptique centré sur les valeurs des volumes molaires partiels à dilution infinie (V_i^∞, V_j^∞).

A.I.3. Densité des mélanges eau-dioxanne

A.I.3.1. *Etude de la variation des volumes molaires partiels dans les mélanges binaires eau-dioxanne à 293,15, 302,15 et 309,15 K.*

Dans le précédent travail, les volumes molaires partiels nous permettent de corriger le calcul des valeurs du nombre total de solvatation des molécules d'eau et de dioxanne entourant les cations de lanthanides Ln (III). Un autre intérêt réside dans le fait que la connaissance de la variation du volume molaire partiel renseigne aussi sur la nature thermodynamique de la solution (l'écart à l'idéalité), sur l'effet du pont d'hydrogène et sur les autres types d'interaction solvant-solvant ainsi que sur le changement de structure du solvant.

La figure 5 montre la variation des volumes molaires partiels V_1 et V_2 du dioxane et de l'eau à trois différentes températures en fonction de la composition (x) en dioxane. La valeur du volume molaire partiel V_1 de dioxane diminue d'une manière strictement monotone : en commençant par celle du volume de dioxane pure V_1^* à la température considérée et en atteignant une asymptote horizontale (un palier) lorsqu'on ajoute progressivement de l'eau.

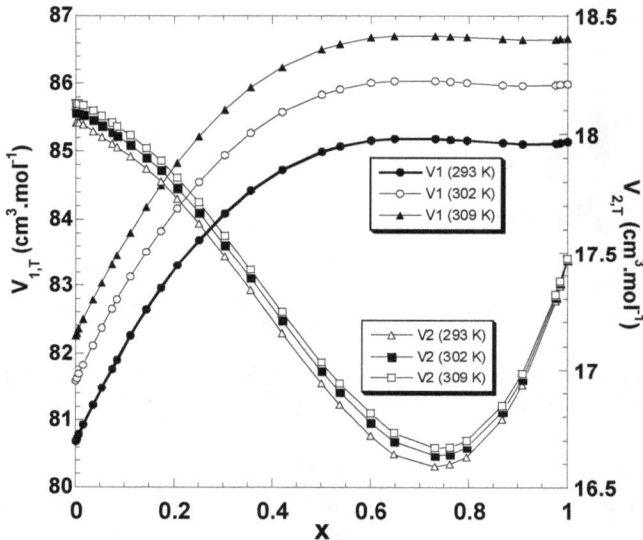

Figure 5 : Variation du volume molaire partiel du dioxane (V_1) et celui de l'eau (V_2) à trois différentes températures dans les mélanges binaires eau-dioxanne en fonction **x** en dioxane.

Cependant, malgré que la variation du volume molaire partiel de l'eau (V_2) soit similaire à celle obtenue à 25°C dans la littérature [47-48], nous doutons de l'allure dans le domaine très riche en dioxane ($x > 0,75$) où $V_2(x)$ marque un minimum suivi d'une croissance. En effet, la relation de Gibbs-Duhem (Eq. 6) impose que si $V_1(x)$ est strictement monotone, $V_2(x)$ le sera aussi mais dans le sens inverse.

$$x.dV_1 + (1-x).dV_2 = 0 \qquad (6)$$

Notons que la valeur des volumes partiels $V_1(x)$ et $V_2(x)$ sont déterminés à partir de la représentation graphique du volume molaire ($V = M/\rho$) en fonction de x ainsi que de son lissage en un polynôme de 4ème degré avec une très bonne régression.

Remarquons qu'une augmentation du degré du polynôme ne peut remédier à cette aberration vu le conflit statistique entre ce degré et le nombre de données expérimentales. Dans un travail ultérieur nous allons partager le domaine en deux, dont un domaine riche en eau et l'autre riche en dioxanne et nous fignolerons les résultats obtenus.

A.I.3.2. *Corrélation entre volumes molaires partiels.*

Cependant l'élimination du paramètre (fraction molaire : x) en tant que variable dans les expressions des volumes molaires partiels $V_{1,2} = f_1(x)$ (Figure 6) conduit à examiner la dépendance mutuelle directe ou la corrélation entre les volumes molaires partiels $V_j = f(V_i)$ représentés par la Figure 6.

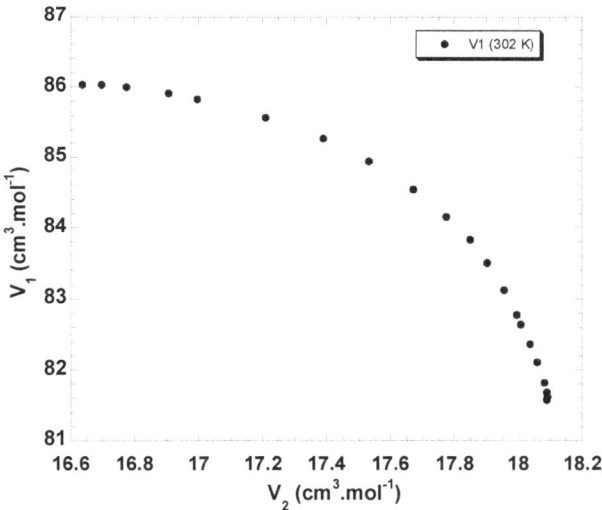

Figure 6 : Variation du volume molaire partiel du dioxanne V_1 en fonction de celui V_2 de l'eau dans tout le domaine de composition des mélanges binaires eau-dioxanne à 302,15 K.

La décroissance monotone de $V_1 = f(V_2)$ affirme bien la variation dans le sens inverse des volumes molaires partiels. De même, les deux demi-tangentes horizontale et verticale aux extrémités de la courbe sous-entendent mathématiquement que l'allure de la courbe $V_j = f(V_i)$ a un caractère elliptique centré sur les valeurs des volumes molaires partiels à dilution infinie de l'eau et de dioxanne (V_i^∞, V_j^∞).

A.I.3.3. *Etude de la variation de la masse volumique en fonction de la température du mélange binaire eau-dioxanne à pression constante et à chaque fraction molaire en dioxanne fixée.*

L'effet de la température sur la variation de la masse volumique des mélanges hydro-organiques eau-dioxanne en fonction de la composition de l'un des constituants est intéressant, surtout dans l'étude de la variation de la viscosité dynamique (η) et celle du coefficient d'autodiffusion ionique (D) des ions Ln (III) marqués en fonction de la température pour évaluer l'effet de la concentration de l'électrolyte, sur la variation de l'énergie d'activation de viscosité, sur le nombre de solvatation et sur les enthalpies et les entropies de solvatation.

Cependant nous pouvons remarquer qualitativement que la variation de la masse volumique en fonction de la fraction molaire est accentuée dans le domaine assez riche en dioxanne lorsque la température du mélange diminue. Cette remarque peut être formulée autrement par l'étude de la variation de la masse volumique en fonction de la température qui s'accentue lorsque la solution est plus riche en dioxanne. On peut remarquer aussi que la valeur du coefficient de compressibilité thermique des mélanges eau-dioxanne $\alpha = 1/V(\partial V/\partial T)_{x,P}$ est relativement assez importante dans le même domaine mentionné précédemment. Cet effet peut être expliqué aisément par le fait que la valeur du coefficient de compressibilité thermique relatif au dioxanne $\alpha_1 = 1/V_1(\partial V_1/\partial T)_{x,P}$ est environ quatre fois plus élevée que celle relative à l'eau $\alpha_2 = 1/V_2 (\partial V_2/\partial T)_{x,P}$ (Fig. 5).

A.I.4. Densité des mélanges binaires critiques eau-acide isobutyrique
A.I.4.1. *Introduction*

Certains mélanges liquides ne sont miscibles que dans un domaine restreint de composition qui est fonction de la température. Ainsi par exemple à 20°C si on ajoute progressivement de l'acide isobutyrique à l'eau, à partir d'une certaine masse de l'acide isobutyrique ajoutée, le système se sépare en deux phases distinctes : c'est le phénomène de démixtion.

La phase supérieure 's' est une solution saturée d'eau dans l'acide isobutyrique; la phase inférieure 'i' correspond à une solution saturée d'acide isobutyrique dans l'eau. En faisant varier la température du mélange binaire (Fig. 7) on obtient les deux courbes de solubilité réciproques IM (solubilité de l'acide isobutyrique dans l'eau) et SM (solubilité de l'eau dans l'acide isobutyrique).

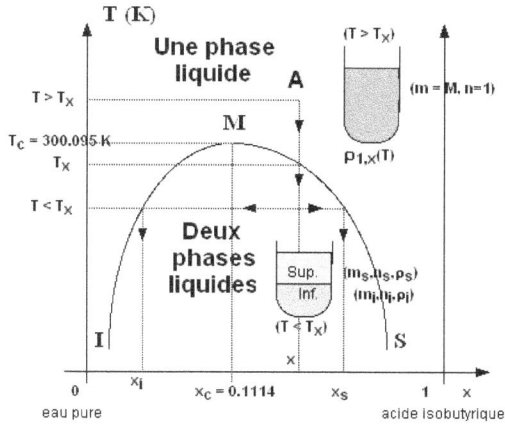

Figure 7 : Diagramme isobare de phases liquide-liquide d'un mélange binaire à point critique supérieur.

Les diagrammes de phases peuvent être utilisés pour analyser la composition des liquides partiellement miscibles. La figure 7 montre la solubilité de l'acide isobutyrique dans l'eau ainsi que celle de l'eau dans l'acide isobutyrique. Celle-ci varie avec la température et par conséquent, les compositions (x_i, x_s) et les proportions (n_i, n_s) des deux phases changent en même temps que la température ($T < T_x$).

On construit ainsi un diagramme température-composition (T-x) pour représenter la composition du système à chaque température. Le diagramme de phases, illustré sur la figure 7 consiste en une courbe en forme de U renversé (courbe de solubilité) donnant la composition en acide isobutyrique des deux phases liquides en équilibre.

Ce travail rentre dans le cadre d'une contribution à l'étude des phénomènes de transition de phase dans les mélanges binaires critiques "eau-acide isobutyrique" [49-51] et l'effet de la présence de sel sur la courbe de coexistence à point critique supérieur [52-55].

A.I.4.2. *__Détermination de la courbe de coexistence à partir de l'étude de la variation de la masse volumique en fonction de la température du mélange binaire eau-acide isobutyrique à pression constante pour chaque composition fixée.__*

Pour la simplicité de la manipulation des données expérimentales, on part d'une mole d'un mélange binaire eau acide isobutyrique de masse M (Eq. 7) et de composition x fixée et bien déterminée en acide isobutyrique à une température T supérieure à celle de transition de phase T_x ($T > T_x$). Ce système est symbolisée par un point de départ noté A dans la figure 7

$$M = x\,M_1 + (1 - x)\,M_2 \tag{7}$$

avec M_1 et M_2 représentent respectivement les masses molaires de l'acide isobutyrique (1) et de l'eau (2), x étant la fraction molaire en acide (x = x_1).

La valeur de la masse volumique du système dans la région monophasique $\rho_{1,x}(T)$ est déterminée à l'aide d'un densimètre de précision basé sur la mesure de fréquence de résonance mécanique d'un vibreur constitué en partie par une cellule contenant le système étudié. A l'aide d'un système cryoscopique incorporé, nous pouvons varier et contrôler la température du système. Pendant le refroidissement $\rho_{1,x}(T)$ augmente d'une manière monotone (Fig. 8) sans changement net d'allure jusqu'à la température de transition de phase T_x.

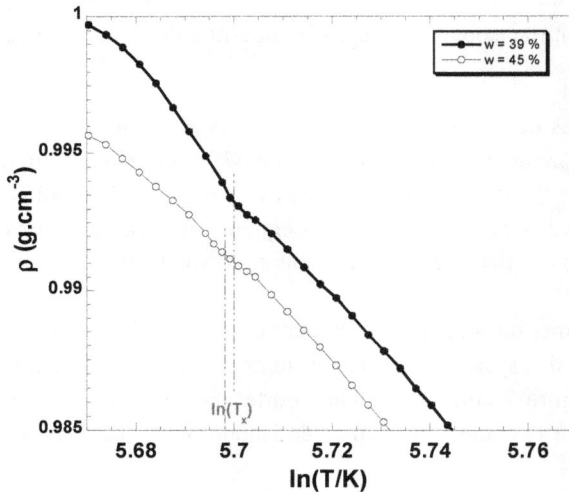

Figure 8 : Variation de la masse volumique ρ_x **(T)** (en g.cm^{-3}) en fonction du logarithme de la température absolue **ln(T/K)** de mélanges binaires liquides eau-acide isobutyrique à composition massique ω fixée.

Lorsque le refroidissement continue, on peut observer la transition par un trouble du mélange visible à partir de la cellule éclairée. Ainsi nous pouvons repérer une valeur grossière de la température de démixtion T_x confirmée par un changement de l'allure de la courbe $\rho = f(\ln T)$ de la figure 8. Ce changement d'allure peut être expliqué par le fait que le densimètre donne une mesure globale de la masse volumique ρ = f(T). En effet dans la région biphasique, la masse volumique ρ_2 = f(T) peut être exprimée par l'équation suivante :

$$\rho_2(T) = \frac{M}{\frac{m_i}{\rho_i} + \frac{m_s}{\rho_s}} \tag{8}$$

où ρ_i, ρ_s, m_i et m_s désignent respectivement les masses volumiques et les masses des phases inférieure et supérieure schématisées dans la Fig. 7. Les masses m_i et m_s de chaque phase peuvent être déduites des équations 9-a et 9-b.

$$m_i = n_i[x_i\,M_1 + (1-x_i)\,M_2] \tag{9-a}$$
$$m_s = n_s[x_s\,M_1 + (1-x_s)\,M_2] \tag{9-b}$$

où n_i et n_s désignent respectivement les quantités de matière des phases supérieure et inférieure, x_i et x_s la fraction molaire de l'acide isobutyrique dans chacune des phases séparément (sup. ou inf.). En respectant la règle des moments inverses dans le diagramme de la figure 7 on pourra écrire :

$$n_i = \frac{x - x_s}{x_i + x_s - 2x} \tag{10-a}$$
$$n_s = \frac{x_i - x}{x_i + x_s - 2x} \tag{10-b}$$

Le point anguleux de l'intersection des deux portions de courbe (Fig. 8) correspondant aux systèmes mono et biphasé nous a donné l'idée de faire deux différents lissages.

En effet, en faisant un ajustement en un polynôme de 2ème degré (parfois de 3ème degré) des deux portions de courbes séparées (Fig. 8) et en résolvant un système de deux équations nous avons pu déterminer avec plus de précision la température T_x correspondant à la transition de phase. Grâce à cette technique inédite, nous avons tracé le diagramme des phases liquide-liquide en masse volumique des systèmes eau-acide isobutyrique (Fig. 9).

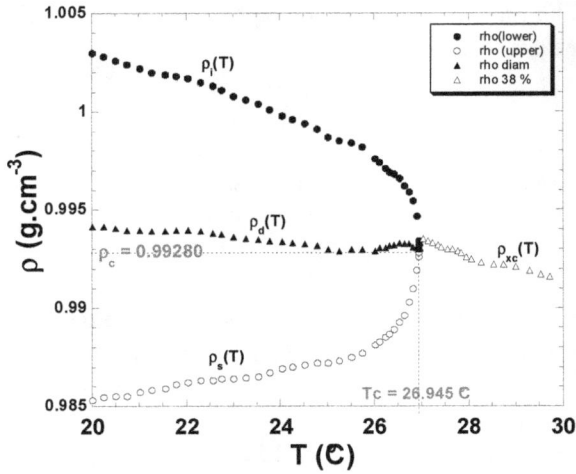

Figure 9 : Courbe de coexistence en masse volumique (ρ-T) du mélange binaire liquide eau-acide isobutyrique. ρ_i et ρ_s : masse volumique respectivement des phases inférieure et supérieure, ρ_d : le diamètre ($\rho_d = (\rho_i+\rho_s)/2$) et ρ_{xc} : la masse volumique du mélange critique dans la région monophasique.

Notons que ce digramme est en parfait accord avec ceux obtenus par d'autres méthodes dans la littérature telle que la méthode visuelle [52-53].

A.I.4.3. *Propriétés de la courbe de coexistence (ρ – T)*

Les transitions de phase dans les fluides gouvernés par des interactions à courte portée suivent la classe d'universalité d'Ising [56-57]. Toutefois, les lois en simples puissances faisant intervenir les exposants critiques universels d'Ising sont valables seulement dans la région asymptotique près du point critique [58-59].

En effet, dans les mélanges binaires, le paramètre d'ordre M peut être choisi comme étant la différence entre l'une des composantes de la phase supérieure (s) ou inférieure (i) et sa valeur critique (c) :

$$M_{i,s} = y_{i,s} - y_c \qquad (11)$$

Sachant que la température réduite t s'écrit comme suit :

$$t = 1 - \frac{T}{T_c} \qquad (12)$$

La composante y de l'une des phases peut s'écrire alors :

$$y_{i,s} = y_c \pm \frac{B}{2}.t^{\beta}(1 + B_1.t^{\Delta}) + F_y.t + G_y.t^{1-\alpha} + H_y.t^{2\beta} +... \qquad (13)$$

où le signe ± correspond à la phase supérieure ou inférieure.

Dans l'équation (13), le coefficient $\frac{B}{2}$ représente la correction de premier ordre à l'amplitude d'échelle ; F_y, G_y et H_y sont des amplitudes non universelles. Tandis que β = 0,326, Δ = 0,51 et α = 0,11 sont les exposants de classe d'universalité d'Ising de dimension 3 [60].

En général, la précision des mesures n'est pas assez bonne pour distinguer entre les fonctions t, $t^{1-\alpha} = t^{0,89}$ et $t^{2\beta} = t^{0,65}$, par conséquent, nous pouvons introduire un exposant effectif ω entre 0,5 et 1 et d'amplitude E_y qui remplace les termes précédents. L'équation (13) peut être alors réécrite comme suit : ·

$$y_{i,s} = y_c \pm \frac{B}{2}.t^\beta(1 + B_1.t^\Delta) + E_y.t^\omega \qquad (14)$$

Dans la région assez proche du point critique, le choix d'une série d'exposants comme correction à la loi d'exposants asymptotiques peut suffire. Nous pouvons alors prévoir l'allure de la courbe de coexistence en appliquant une loi de puissance avec l'exposant universel β plus des corrections non analytiques [57,61-62]. Ainsi, la différence entre les composantes des deux phases peut s'écrire :

$$\Delta y = |y_s - y_i| = B.t^\beta (1 + B_1 t^\Delta + B_2 t^{2\Delta} + ...) \qquad (15)$$

où B_1 et B_2 représentent les amplitudes de la correction de Wegner [61].

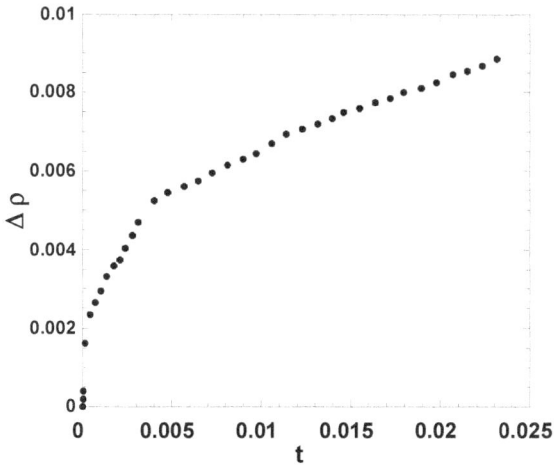

Figure 10 : Variation de la différence de masses volumiques ($\Delta\rho = \rho_i - \rho_s$) le long de la courbe de coexistence en fonction de la température réduite (t).

En outre, nous pouvons aussi prévoir la déviation à la linéarité usuelle (régie par l'exposant α relatif à la capacité calorifique) de la courbe-diamètre $y_d = \frac{y_i + y_s}{2}$ et l'exprimer comme suit :

$$y_d = y_c + D.t + D_{1-\alpha}.t^{1-\alpha}(1+D_1 t^{\Delta}+\ldots) + D_{2\beta}t^{2\beta} \qquad (16)$$

où D, $D_{1-\alpha}$, D_1 et $D_{2\beta}$ sont des amplitudes indépendantes de la température et représentent la dépendance régulière rectiligne et les dépendances non rectilignes avec leurs corrections à la loi simple d'échelle donnée par le développement de Wegner [61, 63-67].

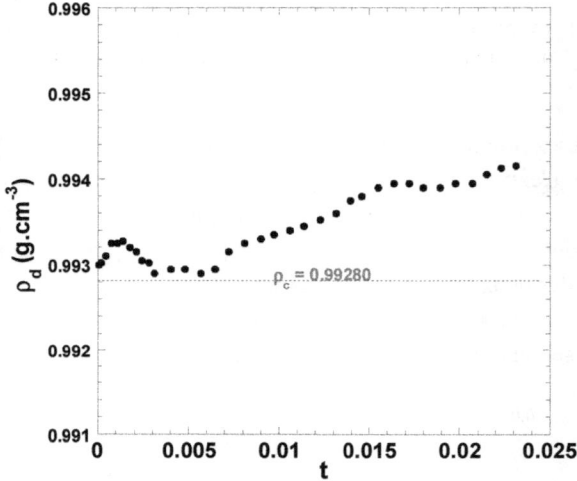

Figure 11 : Variation du diamètre ($\rho_d = (\rho_i + \rho_s)/2$) de la courbe de coexistence en fonction de la température réduite (**t**).

Cependant, afin de mieux caractériser l'effet des deux corrections à l'élargissement et à la loi d'échelle, il est intéressant et utile de définir un exposant effectif β_{eff} exprimé comme suit :

$$\beta_{eff} = \frac{\partial \ln (\Delta y)}{\partial \ln t} \qquad (17)$$

où Δy, définie par l'Eq. (15) est la différence positive entre les paramètres d'ordre des deux phases inférieure et supérieure (dans notre cas : $\Delta y = \Delta \rho = (\rho_i - \rho_s)$).

Considérant l'équation (15), nous pouvons exprimer β_{eff} autrement :

$$\beta_{eff} = \frac{B_1 \Delta t^{\Delta} + 2B_2 \Delta t^{2\Delta}}{1 + B_1 \Delta t^{\Delta} + B_2 \Delta t^{2\Delta}} \qquad (18)$$

L'analyse des données de β_{eff} a été réalisée en utilisant les logiciels OriginPro (7.5) ou kaleidagraph (4.1).

La figure 12 montre l'évolution de la valeur de β_{eff} en fonction de la température réduite t.

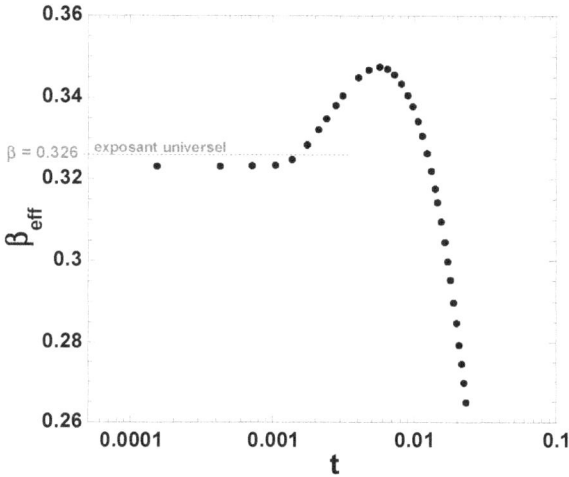

Figure 12 : Variation de l'exposant effectif β_{eff} (Eqs. 17-18) correspondant à la masse volumique ($y = \rho$) en fonction de la température réduite (**t**). (**t** étant en échelle logarithmique).

L'orque la température réduite tend vers zéro, on retrouve bien la valeur asymptotique β de Ising ($\beta = 0,326$). Nous pouvons remarquer aussi que le fait que $\beta_{eff}(t)$ présente un maximum, signifie que les amplitudes de correction de Wegner (Eqs. 15 et 18) du comportement asymptotique sont de signes contraires ($B_1 > 0$, $B_2 < 0$). Ceci pourrait être explique par la présence d'interactions de longue portée entre les molécules lorsque la température est proche de celle du point critique.

A.I.4.4. *Diagrammes de phase température composition et température concentration*

Dans le paragraphe précédent, nous avons exposé la technique graphique qui nous a permis de déterminer les cordonnées du point anguleux ($\ln T_x$, ρ_x) de la courbe $\rho_x(T)$ de la figure 8. L'abscisse de ce point particulier représente la température de transition de phase (T_x) qui a eu lieu pendant le refroidissement de la solution monophasique de fraction molaire (x) fixée et connue à l'avance. La valeur de ρ_x correspond à celle de la masse volumique de la solution monophasique lors de la transition de phase et qui est égale aussi à la valeur limite de la masse volumique de la phase supérieure si $x > x_c$ (x_c : composition critique) ou inférieure si $x < x_c$ (Fig. 7) à cette même température T_x.

Les triplets de données (x, T_x, ρ_x) nous a permis de tracer en un premier temps la courbe de coexistence masse volumique température $(\rho_x\text{-}T_x)$ de la figure 9. Dans un deuxième temps, nous avons tracé les courbes de coexistence : température-fraction molaire $(T_x\text{-}x)$ et température fraction massique $(T\text{-}\omega)$ (Figures 13a et 13b) grâce à la relation suivante :

$$\omega = \omega_1 = \frac{x M_1}{x(M_1 - M_2) + M_2} \tag{19}$$

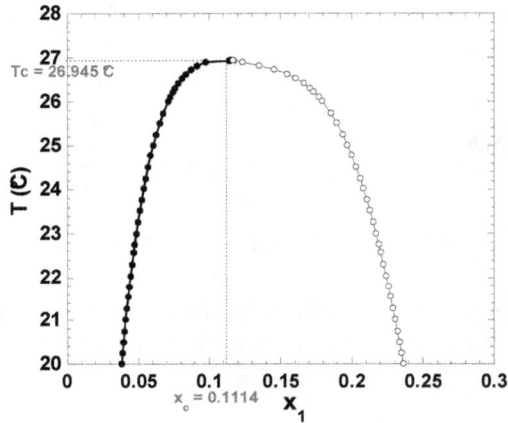

(a)

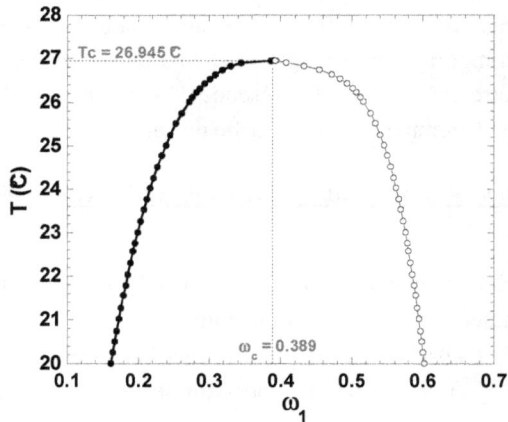

(b)

Figure 13 : Courbes de coexistence, (**a**) : température-fraction molaire (**T-x**) et (**b**) : température-fraction massique (**T-ω**) du mélange binaire liquide eau-acide isobutyrique.

De même les courbes de coexistence : température-molarité (T-C) et température-molalité (T-m) ont été représentées dans les figures 14a et 14b moyennant les relations suivantes :

$$C = C_1 = \frac{1000.x.\rho}{(M_1-M_2).x+ M_2} \tag{20}$$

et

$$m = \frac{1000.x}{(1-x).M_2} \tag{21}$$

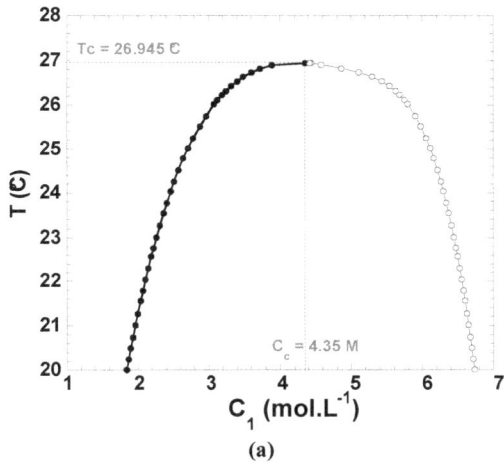

(a)

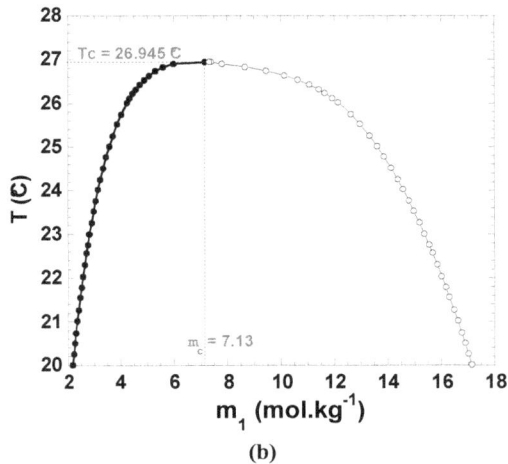

(b)

Figure 14 : Courbes de coexistence, (**a**) : température-fraction molarité (**T-C**) et (**b**) : température- molalité (**T-m**) du mélange binaire liquide eau-acide isobutyrique.

Une analyse des données numériques relatives aux quatre courbes de coexistence précédentes (Figs. 13 et 14) montre que les différences de fraction molaire Δx, de fraction massique $\Delta \omega$, de molarité ΔC et de molalité Δm sont aussi un bon paramètre d'ordre (comme l'est $\Delta \rho$) et suivent avec une bonne précision les lois en simples puissances (Eq. 15) faisant intervenir les exposants critiques universels d'Ising ($\beta = 0,326$ et $\Delta = 0,51$) et les corrections de Wegner et ceci dans la région asymptotique près de la région critique.

Cependant nous pouvons remarquer que, vue la fraction molaire x est un bon paramètre d'ordre, nous pouvons utiliser avec une bonne précision les équations 14 et 15 et considérer l'expression de x en fonction de la température réduite ($t = 1 - \frac{T}{T_c}$) comme une relation particulière (q = 1) qui réduit la variance v en une unité.

$$v = n - \varphi + p - r - q \qquad (22)$$

où le mélange binaire (n = 2) biphasique (φ = 2) est sans réaction chimique (r = 0) et en équilibre thermodynamique à pression constante (p = 1).

Dans le futur, nous pourrons penser aussi dans l'étude des équilibres thermodynamiques à essayer de modéliser les potentiels chimiques μ vue cette relation asymptotique connue x = f(T). Nous rappelons aussi que nous pourrons écrire :

$$\mu_1^s(T, a_1^s) = \mu_1^i(T, a_1^i) \qquad (23\text{-}a)$$

$$\mu_2^s(T, a_2^s) = \mu_2^i(T, a_2^i) \qquad (23\text{-}b)$$

Dans le même contexte et dans l'idée de voir plus clair, nous avons tracé la courbe de coexistence en trois dimensions : masse volumique-température-fraction molaire (ρ–T–x) du mélange binaire critique eau-acide isobutyrique (Fig. 15) ainsi que ses trois projections dans les trois différents plans (T-x), (ρ–T) et (ρ–x). Nous pouvons remarquer que malgré la simplicité de l'allure de la courbe (ρ–x) qui est seulement linéarisable au voisinage proche du point critique (x_c , T_c , ρ_c), nous ne pouvons pas négliger les corrections de Wegner (Eqs . 14 et 15).

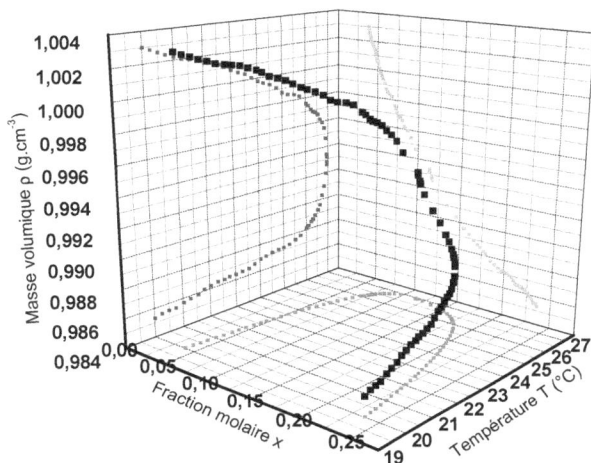

Figure 15 : Courbe de coexistence à trois dimensions (en noir et en gras) : masse volumique-température-fraction molaire (**ρ-T-x**) du mélange binaire liquide eau-acide isobutyrique.

Toutefois on peut conclure que la courbe de coexistence (3D) appartienne à un plan incliné   dont la normale possède une composante non nulle sur l'axe des températures, chose qui   nous incite comme perspectives, de tracer cette courbe en coordonnées relatives : (x/x_c , T/T_c , ρ/ρ_c) et même en cordonnées réduites : (x/x_c - 1, $t = 1 - \frac{T}{T_c}$, ρ/ρ_c -1).

A.I.4.5. *Etude de la variation de la masse volumique du mélange binaire eau-acide isobutyrique à pression constante en fonction de la fraction molaire (x) en acide isobutyrique à des températures fixées.*

Dans le domaine monophasique, à miscibilité totale (quelque soit la composition x) et à une température fixée T supérieure à la température critique (T > T_c), la masse volumique $\rho_{1,T}(x)$ en fonction de la fraction molaire (Fig. 16), présente par un maximum pour une valeur de x proche de 0,025 (c.à.d. pour une molarité C ≈ 1 mol.L^{-1}). A cette composition, on observe une contraction maximale de volume montrant l'interaction entre les molécules d'eau et d'acide isobutyrique due principalement au pont hydrogène [49,68].

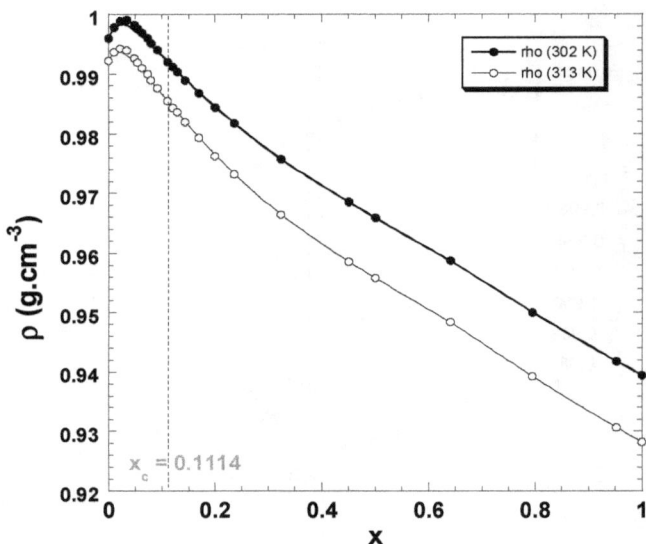

Figure 16 : Variation de la masse volumique $\rho_{1,T}(x)$ (en g.cm^{-3}) des mélanges eau-acide isobutyrique en fonction de la fraction molaire x en acide isobutyrique à 302,15 et 303,15 K.

Dans le domaine très riche en eau ($x < 0,02$), la croissance de $\rho(x)$ peut être expliquée par le phénomène d'association des ions hydronium et isobutyrate de l'acide isobutyrique partiellement dissocié. On peut remarquer aussi que l'abscisse x de ce maximum se déplace lentement vers celui de la composition critique $x_c = 0,1114$ lorsque la valeur de la température fixée s'approche de celle de la température critique $T_c = 26,945$ °C. Notons de même qu'au point critique (x_c, T_c) les molécules des deux solvants sont les plus corrélées.

A.I.4.6. *Etude de la variation des volumes molaires partiels dans les mélanges binaires eau-acide isobutyrique à 302,15 et 313,15 K.*

Rappelons encore que l'effet de la température sur la variation de la masse volumique des mélanges hydro-organiques eau-acide isobutyrique en fonction de la composition de l'un des constituants est intéressant, surtout dans l'étude de la variation de la viscosité dynamique (η) [49] et celle du coefficient d'autodiffusion ionique (D) des ions Ln (III) marqués en fonction de la température [69-70] pour évaluer l'effet de la concentration de l'électrolyte sur la variation de l'énergie d'activation de viscosité, sur le nombre de solvatation et sur les enthalpies et les entropies de solvatation.

Dans notre travail, la détermination des valeurs des volumes molaires partiels nous permet d'améliorer le calcul des valeurs du nombre total de solvatation des molécules d'eau et d'acide isobutyrique entourant les cations de lanthanides Ln (III) [20-21,44]. Un autre intérêt réside dans le fait que la connaissance de la variation du volume molaire partiel renseigne aussi sur la nature thermodynamique de la solution (l'écart à l'idéalité), sur l'effet du pont d'hydrogène et sur les autres types d'interaction solvant-solvant ainsi que sur le changement de structure du solvant.

La figure 17 montre la variation des volumes molaires partiels V_1 et V_2 respectivement de l'acide isobutyrique et de l'eau à deux différentes températures en fonction de la composition (x) en acide isobutyrique. La valeur du volume molaire partiel V_1 d'acide isobutyrique diminue d'une manière strictement monotone : en commençant par celle du volume d'acide isobutyrique pur V_1^* à la température considérée et en atteignant la valeur à dilution infinie V_1^∞ lorsqu'on ajoute progressivement de l'eau. Nous pouvons alors adopter le même raisonnement pour l'évolution du volume molaire partiel de l'eau $V_2(x)$.

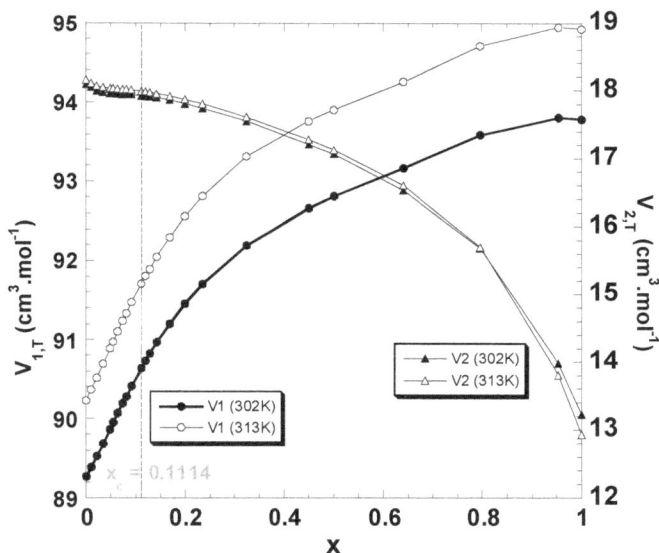

Figure 17 : Variation du volume molaire partiel de l'acide isobutyrique (V_1) et celui de l'eau (V_2) à deux différentes températures dans les mélanges binaires eau-acide isobutyrique en fonction de la fraction molaire **x** en acide isobutyrique.

Nous remarquons aussi que les résultats de notre lissage donne des allures de $V_1(x)$ et qui obéissent à la relation de Gibbs-Duhem (Eq. 6) qui impose et stipule que si $V_1(x)$ est strictement monotone, alors $V_2(x)$ le sera aussi mais dans le sens inverse. Nous pouvons noter aussi que dans le domaine très riche en eau et autour de la composition critique $x_c = 0,1114$, $V_2(x)$ diminue très faiblement par contre $V_1(x)$ augmente rapidement d'une manière quasi-linéaire. Un phénomène qu'on peut expliquer par une dualité solvatation-désolvatation mutuelle entre l'eau et l'acide isobutyrique et un changement de structure d'agrégats (clusters) vue les molécules des deux constituants sont très corrélées.

A.I.4.7. *Corrélation entre volumes molaires partiels.*

Cependant l'élimination de la fraction molaire (x) en tant que variable dans les expressions des volumes molaires partiels $V_{1,2} = f_{1,2}(x)$ (Figure 17) conduit à examiner la dépendance mutuelle directe ou la corrélation entre les volumes molaires partiels $V_j = f(V_i)$ représentés par la Figure 18.

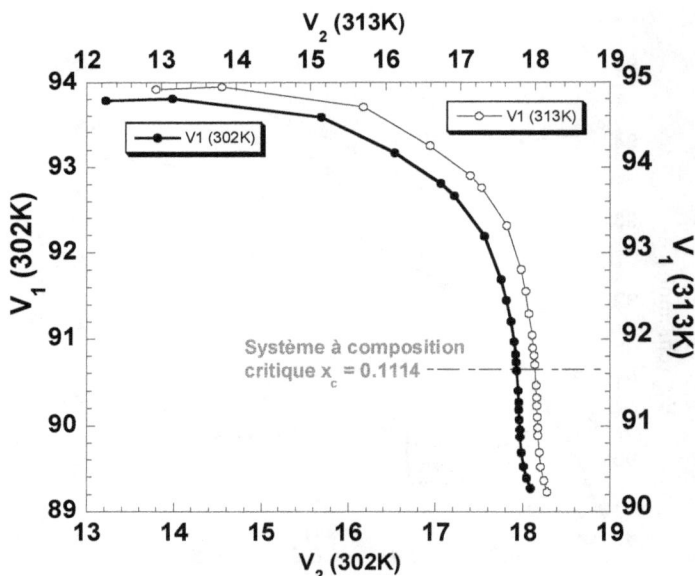

Figure 18 : Variation du volume molaire partiel V_1 de l'acide isobutyrique en fonction de celui de l'eau V_2 dans tout le domaine de composition des mélanges binaires eau-acide isobutyrique à 302,15 et 313,15 K. Le trait mixte repère le système à composition critique $x_c = 0,1114$.

La décroissance monotone de $V_2 = f(V_1)$ ou de $V_1 = f(V_2)$ affirme bien la variation dans le sens inverse des volumes molaires partiels dans tout le domaine de composition des mélanges binaires eau-acide isobutyrique. De même, les deux demi-tangentes horizontale et verticale aux extrémités de la courbe confirment encore ce qui a été constaté précédemment, c'est que l'allure de la courbe $V_j = f(V_i)$ a un caractère elliptique centré sur les valeurs des volumes molaires partiels à dilution infinie de l'eau et de l'acide isobutyrique (V_i^∞, V_j^∞) ayant un petit et grand axe dont la valeur de ce dernier augmente avec la température même à des températures très proches de la température critique, celle de la transition de phase supérieure (T_c). D'une autre manière, nous pourrons penser à écrire une relation entre V_1 et V_2 qui exprime ce comportement en une dépendance quadratique mutuelle à un degré qui peut différer de deux et dont la valeur des petit et grand axe exprime l'importance de l'écart à l'idéalité.

Chapitre II
Modèles antérieurs de corrélation de viscosité

A.II.1. Introduction

A.II.1.1. *Phénomènes de viscosité*

La viscosité des liquides peut être définie comme la résistance qu'oppose un liquide au déplacement d'une de ses couches par rapport à l'autre, autrement dit, elle caractérise un frottement interne qui apparaît lors du déplacement d'une de ses couches par rapport à une autre, c'est pourquoi on l'appelle souvent frottement interne. Elle traduit en quelques sortes la difficulté plus ou moins grande de déplacement d'une molécule dans un environnement encombré par les autres molécules du milieu. La viscosité est corrélée parfois par les phénomènes de solvatation, friction, relaxation diélectrique etc ... Quantitativement la viscosité dynamique ou de cisaillement se mesure par la force (par unité de surface de contact des deux couches) qui est nécessaire pour assurer une certaine vitesse de déplacement d'une couche par rapport à une autre, la viscosité s'exprime en poise (1 poise = 1 g.cm^{-1}.s^{-1} où 1 Po = 1 mPa.s).

De même, le phénomène de viscosité est en rapport direct avec le phénomène de transport de la quantité de mouvement entre les couches contiguës du fluide en mouvement à différentes vitesses. Pour illustrer cette affirmation, il est intéressant de considérer le mouvement particulier, où le liquide initialement au repos passe à un état dynamique, lorsqu'une couche du liquide devient en mouvement par rapport à une autre parallèle au repos. Le film mobile se déplace à vitesse constante dans une direction x'x horizontale par exemple). Pour ce simple cisaillement, les couches de fluide glissent l'une par rapport à l'autre en générant un transport convectif vers la droite (demi-axe Ox) et un transport diffusif vers le bas. En d'autres termes, une contrainte d'inertie pousse le fluide qui est en avant et une contrainte de viscosité entraîne le fluide qui est sur les côtés. Deux types de couplage entre les couches adjacentes sont à l'origine des échanges mutuels de quantité de mouvement. D'une part, les forces intermoléculaires sont à l'origine des contraintes tangentielles. D'autre part, l'agitation thermique conduit les particules de vitesse élevée des couches supérieures vers les couches inférieures.

A.II.1.2. *Intérêts pratiques de la viscosité*

Parmi les propriétés physiques des fluides nécessaires à la conception et l'optimisation des procédés industriels, il convient de mentionner la viscosité comme l'une des plus importantes. Dans l'industrie chimique, les industries alimentaires, cosmétiques et pharmaceutiques, etc, la viscosité est essentielle pour les calculs hydrauliques de transport de fluides, et pour les calculs de transfert d'énergie [1-6]. Les applications de la viscosité peuvent impliquer plusieurs domaines, en particulier les opérations de filtration, de pompage et de transvasement des liquides, la pulvérisation (peintures et vernis), la lubrification (huiles de graissage) et le remplissage industriel des produits liquides visqueux et pâteux.

Etant donné que les mesures de viscosité sont en général faciles et rapides, on peut se servir dans l'industrie, de la viscosité pour caractériser les macromolécules. C'est l'une des nombreuses façons de déterminer la taille ou encore la masse molaire des particules colloïdales dans une solution. En effet, lorsque la solution colloïdale s'écoule avec un champ de vitesse non uniforme, la présence des particules introduit des frottements supplémentaires de telle sorte que le coefficient de viscosité soit supérieur à celui du solvant pur. La viscosité d'une solution de polymère est fonction de sa masse molaire. D'une façon générale, la viscosité a de nombreuses applications dans divers autres domaines tels que l'ingénierie navale, l'aéronautique, l'étude de l'écoulement du sang (hémodynamique, hémodialyse), la météorologie, la climatologie ou encore l'océanographie.

A.II.2. Modèles empiriques et semi-empiriques

A.II.2.1. *Paramètres dont dépend la viscosité*

La viscosité dépend de plusieurs facteurs, citons par exemple la nature physico-chimique des molécules du milieu, la température et la pression du système, le gradient de vitesse de cisaillement ou d'écoulement, les contraintes mécaniques agissant sur le système et la durée au bout de laquelle les molécules seront soumises au cisaillement.

Rappelons que la viscosité de l'eau est modifiée par la dissolution des électrolytes et la variation de la viscosité dépend des propriétés des ions et principalement de leur taille et de leur charge. Cette dépendance est ainsi due aux interactions ion-ion et ion-solvant symbolisées quantitativement et semi-empiriquement par les coefficients de Jones-Dole notés respectivement A et B [71] (Eq. 1) pour les solutions aqueuses d'électrolyte de concentration C et ceci à grande dilution.

$$\eta = \eta_{eau}.(1 + A.C^{1/2} + B.C) \tag{1}$$

La corrélation entre la viscosité des solutions hydro-organiques et celles des constituants purs qui les forment, est très complexe et n'est pas en général en accord avec les théories traitant la déviation aux propriétés de mélange idéal. Généralement, la viscosité ne varie pas monotonement (comme le cas des solutions aqueuses d'électrolytes) avec la composition mais présente un extrémum. Par exemple, la présence d'un maximum de viscosité pour une composition bien déterminée est en général interprétée par l'établissement du pont d'hydrogène entre les différentes molécules du mélange.

D'une façon générale, les conceptions relatives à la variation de la viscosité sont en relation avec le coefficient de diffusion dans les théories hydrodynamiques connues par les relations de Stokes-Einstein et de Walden qui permettent de déterminer approximativement le rayon des particules solvatées.

A.II.2.2. *Nécessité de la modélisation*

La connaissance de la viscosité des mélanges binaires est très importante dans de nombreux procédés industriels. Il est très rare que la viscosité des mélanges soit obtenue par la somme de celles des viscosités des composants purs [7]. L'étude théorique de la viscosité des mélanges est généralement compliquée. De nombreux modèles de corrélation empirique ont été proposés. La plupart des cas rencontrés dans les systèmes industriels évoque la difficulté posée par le comportement non-linéal des mélanges. En conséquence, les données rigoureuses doivent être disponibles avec des modèles capables de fournir une estimation fiable du comportement visqueux des mélanges.

La viscosité des liquides est déterminée à la fois par la collision entre les particules et par les champs de force qui déterminent les interactions entre les molécules. La description théorique de la viscosité est donc assez complexe. C'est la raison pour laquelle de nombreux modèles ont été publiés au cours des années reposent sur la théorie d'Eyring, ou sur des équations de nature empirique ou semi-empirique qui ne sont pas toujours applicables à tous les types de mélanges [72-74].

Récemment, beaucoup d'expérimentateurs chevronnés ont proposé des modèles ou équations de corrélation empiriques ou semi-empiriques, basés sur le comportement linéal. Ces équations peuvent être utilisées facilement avec un minimum de paramètres et ceci dans de nombreux cas de systèmes de fluides. Généralement ces équations améliorent les modèles antérieurs précédemment proposés et facilitent les exploitations et les manipulations de données expérimentales aux utilisateurs d'informatique, de programmation et d'automates.

A.II.2.3. *Expressions de quelques modèles antérieurs*

Il existe pas mal de modèles empiriques dans la littérature depuis environ un siècle qui sont utilisés pour décrire la viscosité des systèmes binaires liquides. Nous citons à titre d'exemple les plus répandus ou utilisés chez les expérimentateurs en industrie et en génie chimique.

Cependant, les modèles sans paramètres ajustables ne trouvent leurs applications que dans des cas très rares de systèmes binaires, ils sont basés sur l'additivité des viscosités, de leur logarithme ou des fluidités des constituants purs formant les mélanges binaires et parfois ternaires :

$$\eta = x_1.\eta_1 + x_2.\eta_2 \tag{2}$$

$$\ln\eta = x_1.\ln\eta_1 + x_2.\ln\eta_2 \tag{3}$$

$$1/\eta = x_1/\eta_1 + x_2/\eta_2 \tag{4}$$

où x_i et η_i représentent respectivement la fraction molaire et la viscosité du constituant 'i' pur.

Notons que cette dernière (Eq. 4) proposée par Fort et coll. [75] trouve quelques succès dans les mélanges binaires de liquides ioniques.

Parmi les modèles à un seul paramètre ajustable les plus répandus et utilisés citons par exemple ceux de :

Grunberg-Nissan [43] :

$$\eta = \exp(x_1.\ln\eta_1 + x_2.\ln\eta_2 + x_1x_2\mathbf{G_{12}}). \tag{5}$$

Hind et coll. [76] :

$$\eta = x_1^2\eta_1 + x_2^2\eta_2 + 2x_1x_2\boldsymbol{\eta_{12}}. \tag{6}$$

et Katti and Chaudhri [77] :

$$\ln(\eta V) = x_1 \ln(\eta_1 V_1) + x_2 \ln(\eta_2 V_2) + x_1x_2\mathbf{W_{vis}}/RT \tag{7}$$

De même pour les modèles à deux paramètres ajustables rappelons celui de Heric et Brewer [78]:

$$\ln(\eta V) = x_1 \ln(\eta_1 V_1) + x_2 \ln(\eta_2 V_2) + x_1x_2(\boldsymbol{\alpha_1} + \boldsymbol{\alpha_2}(x_1 - x_2)). \tag{8}$$

et McAllister [79] :

$$\ln v = x_1^3\ln v_1 + 3x_1^2x_2 \ln\mathbf{Z_{12}} + 3x_1x_2^2 \ln\mathbf{Z_{21}} + x_2^3\ln v_2 - \ln(x_1 + x_2M_2/M_1)$$
$$+ 3x_1^2x_2 \ln(2/3 + M_2/3M_1) + 3x_1x_2^2 \ln(1/3 + 2M_2/3M_1) + x_2^3 \ln(M_2/M_1). \tag{9}$$

où v représente la viscosité cinématique $(v = \eta/\rho)$.

Notons que ces modèles sont les plus, en bon accord avec les données expérimentales.

De même, dans certaines circonstances, on peut appliquer le modèle de corrélation de viscosité utilisant trois paramètres ajustables proposé par Auslander [80] :

$$x_1(x_1 + \mathbf{B_{12}}x_2)(\eta - \eta_1) + \mathbf{A_{21}}x_2(\mathbf{B_{21}}x_1 + x_2)(\eta - \eta_2) = 0. \tag{10}$$

A.II.2.4. *Conclusion*

La viscosité étant une grandeur intensive et n'étant pas une fonction thermodynamique d'état, ne doit pas normalement adopter des modèles se basant sur le comportement linéal. De même, elle dépend de plusieurs facteurs. C'est pour cela qu'elle n'a pas encore trouvé satisfaction jusqu'à présent avec les modèles proposés. Nous concluons que les modèles de corrélation empiriques ou semi-empiriques doivent au moins être facilement utilisés et donner des résultats satisfaisants avec un nombre minimal de paramètres ajustables. Dans le cas contraire, nous tomberons dans des situations de paramétrage et des équations qui peuvent cadrer certaines expériences mais pas un bon nombre d'entre elles et nous nous trouverons parfois dans un conflit statistique d'exploitation de résultats numériques, entre le nombre de paramètres et le nombre de données expérimentales.

Chapitre III
Compétition entre l'équation de Redlich-Kister et les équations de Herráez et Belda récemment proposées

A.III.1. Un regard sur l'équation de Redlich-Kister

A.III.1.1. *Introduction*

Dans le cas des mélanges binaires liquides à température et pression constante, la tache la plus importante des thermodynamiciens est d'ajuster la dépendance de certaines grandeurs thermodynamiques de mélange ou d'excès y^E (principalement l'enthalpie libre de mélange ΔG^E) en fonction de la fraction molaire de l'un des deux constituants (x_1 ou x_2) en une équation analytique afin de calculer les dérivées de ces grandeurs (dy^E/dx) à une fraction molaire x voulue et d'accéder ainsi aux grandeurs molaires partielles d'excès et parfois aux coefficients d'activité. L'équation de Guggenheim-Scatchard [81-82] communément désignée par l'équation de Redlich-Kister (Eq. 1) [42] est l'une de telle équation très utilisée. L'équation de Redlich-Kister (RK) introduit des développements polynômiaux basés sur des puissances croissantes de $(x_1-x_2) = (2x_1-1) = (1-2x_2)$. Cette équation présente alors la forme générale suivante :

$$y = x_1 y_1 + x_2 y_2 + x_1 x_2 . \sum_{i=1}^{i=n} A_i (x_1 - x_2)^i \qquad (1)$$

avec y_1 et y_2 représentent les propriétés des constituants purs (1) et (2),

soit :
$$y^E = x(1-x) . \sum_{i=1}^{i=n} A_i (2x - 1)^i \qquad (2)$$

où $x = x_1$, n représente le degré choisi du polynôme de l'ajustement donnant les coefficients A_i obtenus généralement par la méthode des moindres carrées. Malgré que l'équation de RK s'écrit dans une base qui n'est pas formée par des vecteurs (ou polynômes) orthogonaux, elle trouve son succès vu qu'elle donne ces coefficients A_i avec une bonne précision même lorsqu'il s'agit d'un nombre assez limité de données expérimentales.

L'équation de RK (Eq. 2) satisfait clairement les conditions aux limites d'une grandeur de mélange ou d'excès :
$$y^E(x = 0) = y^E(x = 1) = 0$$

En effet, le premier terme de l'équation 2 qui a la forme suivante :
$$\Pi_x = x.(1 - x) = x - 2x^2 \qquad (3)$$

s'annule obligatoirement à dilution infinie où les mélanges sont formés uniquement par l'un de leur constituant pur (x = 0 ou x = 1) et présente un extrémum à (x = 1 – x = 0,5).

Sa représentation graphique en fonction de la fraction molaire x ou (1 – x) présente une allure symétrique (Fig. 1) par rapport à la droite d'équation x = ½.

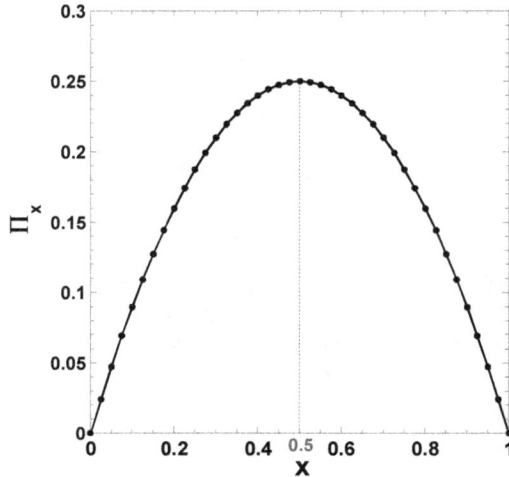

Figure 1 : Variation du produit Π_x des fractions molaires x_1 par x_2 (Eq. 3) en fonction de la fraction molaire x de l'un des deux constituants (1) ou (2) formant le mélange binaire.

Cependant une large lecture d'un grand nombre de représentations graphiques de plusieurs grandeurs de mélange dans la littérature montre que le facteur Π_x produit des fractions molaires (Eq. 2, Fig. 1) est un terme généralement dominant dans l'équation 2 et ceci dans la plupart des systèmes binaires. En effet, la majorité des représentations graphiques des grandeurs thermodynamiques de mélange ou d'excès $y^E(x)$ en fonction de la fraction molaire x de l'un des constituants possède des allures similaires et présente des extrémums d'abscisse proche de celui de Π_x où x = 0,5, lorsqu'il s'agit d'un écart à l'idéalité qui garde le même signe dans tout le domaine de composition. La figure 2 résume les différentes allures typiques générales de $y^E(x)$ rencontrées dans la littérature.

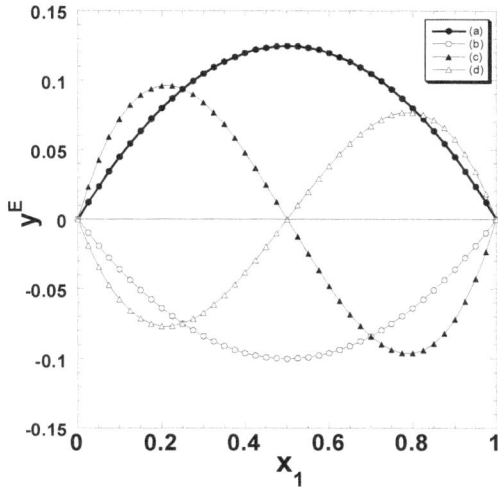

Figure 2 : Allures typiques générales des variations des grandeurs de mélange $y^E(x)$ en fonction de la fraction molaire x de l'un des constituants formant un mélange binaire où y(x) a une échelle arbitraire et présente dans tout le domaine de composition [0,1] un écart : uniquement positif dans (a), uniquement négatif dans (b), positif puis négatif dans (c) et inversement dans (d).

Ajoutons qu'on retrouve toujours les mêmes allures dans l'exploitation des grandeurs physiques qui ne sont pas des fonctions thermodynamiques d'état telles que la viscosité (η), l'indice de réfraction (n), la tension de surface (μ), la célérité du son (u) et la permittivité électrique (ε).

Remarquons que par abus de langage on utilise généralement le terme « excès » dans la littérature pour n'importe qu'elle grandeur physicochimique dans les mélanges binaires. Certains auteurs plus ou moins stricts, préfèrent utiliser le langage de « déviation » noté Δy. Ainsi l'appellation de déviation de viscosité $\Delta\eta$ est plus correcte que la viscosité d'excès η^E malgré qu'elle suppose la même expression mathématique

$$\Delta y = y_{\text{mélange}} - (x_1 y_1 + x_2 y_2) \qquad (4)$$

et de même
$$\Delta y = x.(1-x) \sum_{i=1}^{i=n} A_i (2x - 1)^i \qquad (5)$$

Dans le même contexte, nous utilisons un langage pour la fonction Δy qui sera considérée comme étant une déviation ou un écart par rapport à l'idéalité, ce qui n'est pas le cas lorsqu'il ne s'agit plus de fonctions d'états ou fonctions thermodynamiques mais des grandeurs intensives (non additives). Nous dirons alors que la notation Δy

désigne tout simplement un écart par rapport au comportement linéaire et qui est exprimé par l'équation 4.

A.III.1.2. *Equation réduite de Redlich-Kister*

Les données numériques thermodynamiques des mélanges binaires sont très couramment exprimées en quantités d'excès y^E ou en déviation Δy et soient analysées à l'aide de l'équation de RK. Cette approche peut dans certains cas induire en erreur et cacher la présence de fortes interactions surtout à grande dilution où la valeur de Π_x est pratiquement nulle [83]. Par conséquent, la similarité des allures des courbes des fonctions $y^E(x)$ ou $\Delta y(x)$ (Eqs. 2 et 5), malgré la grande diversité des grandeurs physicochimiques et des systèmes étudies, nous a incité à éliminer le facteur commun dominant Π_x (Eq. 3) et responsable de cette forte ressemblance, dans l'espoir de lever en quelque sorte une certaine « indétermination » ou « dégénérescence ».

En effet, le procédé mathématique simple est de définir la fonction réduite Q_{RK} de Redlich-Kister (Eq. 6) par le rapport des fonctions y^E ou Δy sur le facteur Π_x et éliminer ainsi l'effet de ce dernier :

$$Q_{RK}(x) = y^E/\Pi_x \quad \text{ou} \quad \Delta y/\Pi_x \tag{6}$$

Moyennant les Eqs. 2, 5 et 6 nous pouvons écrire que :

$$Q_{RK}(x) = \sum_{i=1}^{i=n} A_i(2x-1)^i \tag{7}$$

Cependant, malgré la grande majorité des publications traitants des données thermodynamiques dans les mélanges liquides qui représentent graphiquement y^{Ex} en fonction de x, il existe très peu de travaux qui expriment leurs données expérimentales en une fonction réduite de RK (Q_{RK}) et ceci à cause de la grande difficulté d'exploitation et d'interprétation.

Dans le but de bien illustrer la différence de comportement entre les deux fonctions $y^E(x)$ et $Q_{RK}(x)$ [83], nous avons représenté dans la figure 3 des fonctions arbitraires de Q_{RK} ayant des allures différentes et nous avons montré que les fonctions d'excès y^E correspondantes possèdent des allures plus ou moins similaires (Fig. 4).

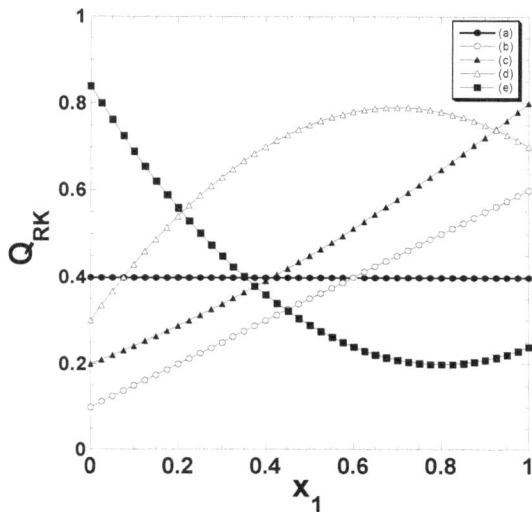

Figure 3 : Quelques allures typiques de la fonction réduite de RK ($Q_{RK} = y^E/x_1x_2$) observées dans la littérature et proposées par Desnoyers [83], l'échelle est arbitraire.

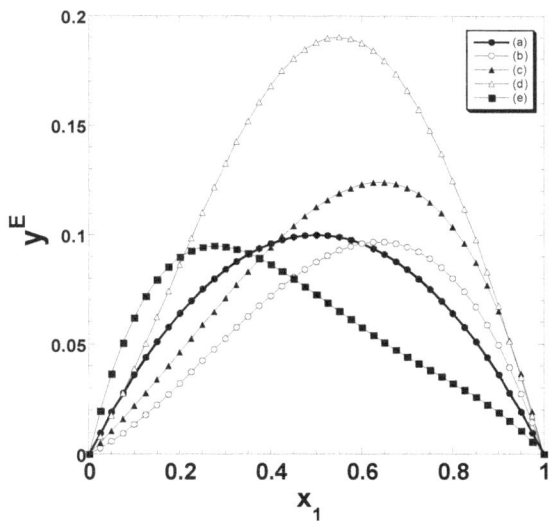

Figure 4 : Similarité des allures des grandeurs d'excès y^E ou de déviation Δy correspondant aux fonctions Q_{RK} de la figure 3, l'échelle est arbitraire.

Notons que la fonction réduite Q_{RK} est une quantité physique qui a plus de significations physiques pour la plupart des fonctions thermodynamiques que les quantités molaires d'excès y^E exprimées par l'équation classique de RK (Eq. 2).

En effet, pour un bon nombre de quantités physiques tels que enthalpie, entropie, capacité calorifique, volume molaire, compressibilité, expansibilité etc, la fonction réduite $Q_{RK}(x)$ est en relation directe avec les quantités molaires apparentes $y_{1,\varphi}$ et $y_{2,\varphi}$ des deux constituants formant les mélanges binaires [84-85] et ceci dans tout le domaine de composition x.

$$Q_{RK} = \frac{y^E}{x(1-x)} = \frac{y_{1,\varphi} - y_1^*}{1-x} = \frac{y_{2,\varphi} - y_2^*}{x} \tag{8}$$

De même à dilution infinie, l'extrapolation de la fonction Q_{RK} ($x \rightarrow 0$ ou 1) donne les deux quantités molaires partielles d'excès limites $y_1^{E,\infty}$ et $y_2^{E,\infty}$,

$$\lim_{x \rightarrow 1} Q_{RK} = A_0 + A_1 + A_2 + ... + A_n = y_2^\infty - y_2^* \tag{9}$$
$$\lim_{x \rightarrow 0} Q_{RK} = A_0 - A_1 + A_2 + ... + (-1)^n A_n = y_1^\infty - y_1^* \tag{10}$$

où y_i^∞ représente la grandeur molaire partielle à dilution infinie du constituant (i) dans le constituant (j), y_i^* la quantité du constituant (i) pur.

Rappelons que ces deux derniers paramètres (Eqs. 9 et 10) sont d'une importance capitale du fait qu'ils mesurent le degré des interactions soluté-solvant des deux constituants du mélange binaire. Notons que pour toutes les grandeurs physico-chimiques qui sont ou ne sont pas des fonctions d'état, on peut exprimer autrement les limites des fonctions Q_{RK} et ceci comme suit :

$$Q_{RK} (x = 1) = \sum_{i=0}^{i=n} A_i = (y_1 - y_2)(1 - \partial \ln (y - y_2)/\partial x)_{T,x1=1} \tag{11}$$
$$Q_{RK} (x = 0) = \sum_{i=1}^{i=n} (-1)^n A_i = (y_1 - y_2)(1 + \partial \ln (y - y_1)/\partial x)_{T,x1=0} \tag{12}$$

Ces expressions de dérivation sont nécessaires parfois pour la détermination d'expressions pour les quantités molaires partielles ou pour une éventuelle modélisation ou traitement et exploitation de modèles existants.

Dans notre étude nous avons exploité et étudié la fonction réduite de Redlich-Kister Q_{RK} (x) pour différentes grandeurs telles que la viscosité, le volume molaire, la conductivité, l'enthalpie libre, l'enthalpie et l'entropie d'activation de viscosité d'écoulements visqueux et ceci dans les mélanges eau-dioxanne et eau-acide isobutyrique à différentes températures [47-54,85].

Pour ne pas trop surcharger le présent rapport de synthèse des travaux de recherche, on citera quelques cas de figures dans ce qui va suivre, le reste est exposé en détails dans les textes de publications indiqués précédemment

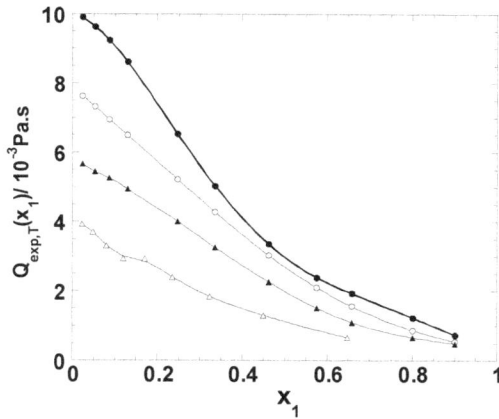

Figure 5 La fonction réduite expérimentale de Redlich-Kister $Q_{exp,T}(x)$ (en 10^{-3} Pa.s), à différentes températures pour la viscosité ($Q_{exp,T}(x_1) = \Delta\eta/(x_1(1-x_1))$ Eq. 6) dans les mélanges eau-dioxanne en fonction de la fraction molaire x_1 en dioxanne. (●): 293,15 K; (○): 303,15 K; (▲): 313,15 K (△): 323,15 K.

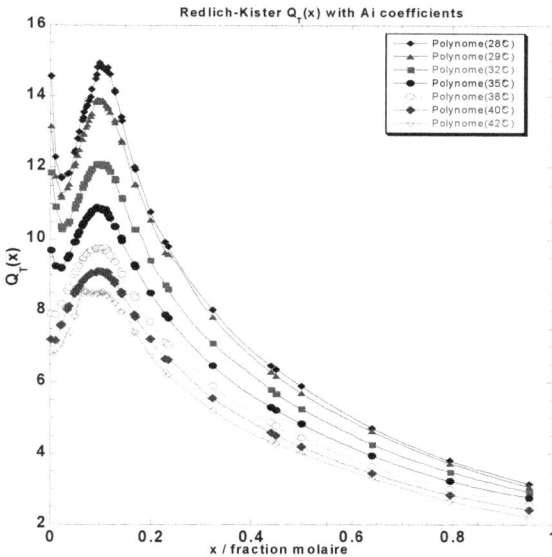

Figure 6 La fonction réduite expérimentale de Redlich-Kister $Q_{exp,T}(x)$ (en 10^{-3} Pa.s), à différentes températures pour la viscosité ($Q_{exp,T}(x_1) = \Delta\eta/(x_1(1-x_1))$ Eq. 6) dans les mélanges eau-acide isobutyrique en fonction de la fraction molaire x_1 en acide isobutyrique.

A.III.1.3. *Equation réduite et relative de Redlich-Kister*

Malgré l'application très peu nombreuse de la fonction réduite de Redlich-Kister Q_{RK} dans la littérature en raison de la difficulté de dégager des interprétations aux allures très variées des courbes correspondantes, nous avons ajouté une nouvelle proposition qui consiste à exploiter une fonction relative de Q_{RK} que nous pouvons noter $Q_{RK, rel}$ et qu'on appellera en instance la fonction réduite et relative de Redlich-Kister exprimée par :

$$Q_{RK,rel}(x) = Q_{RK}(x)/y(x) \qquad (13)$$

Comme la fonction réduite de Redlich-Kister, $Q_{RK}(x)$ a pour conséquence mathématique de réduire l'effet du terme $\Pi_x = x(1-x)$, alors la fonction réduite et relative de RK $Q_{RK,rel}(x)$ a comme conséquence mathématique de réduire en quelque sorte le « poids » de la valeur de la quantité y étudié et de donner un écart relatif normé ou normalisé et sans dimension.

De même, une rapide application de cette fonction $Q_{RK,rel}(x)$ pour tester quelques grandeurs dans les deux mélanges binaires précédemment mentionnés [47-54,85] montre que le facteur de température est curieusement réduit. En effet, pour des températures différentes on remarque que les courbes (Figs. 7 et 8) correspondant aux fonctions $Q_{RK,rel,T}(x)$ sont beaucoup plus rapprochées que celles de $Q_{RK,T}(x)$ (Figs. 5 et 6). Les figures 7 et 8 donnent ainsi un exemple d'illustration.

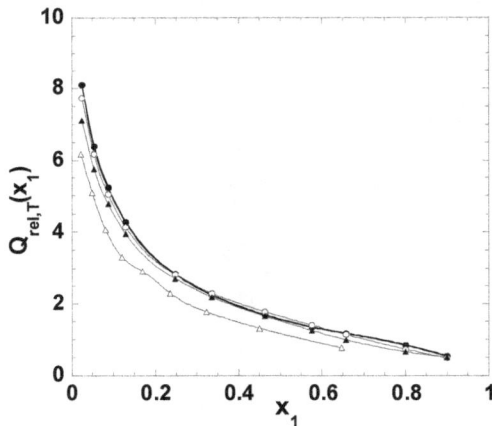

Figure 7 La fonction réduite et relative expérimentale de Redlich-Kister $Q_{exp,rel,T}(x)$, à différentes températures pour la viscosité ($Q_{exp,rel,T}(x_1) = \Delta\eta/(x_1(1-x_1)\eta$ Eq. 13) dans les mélanges eau-dioxanne en fonction de la fraction molaire x_1 en dioxanne. ($\bullet$): 293,15 K; ($\circ$): 303,15 K; ($\blacktriangle$): 313,15 K ($\triangle$): 323,15 K.

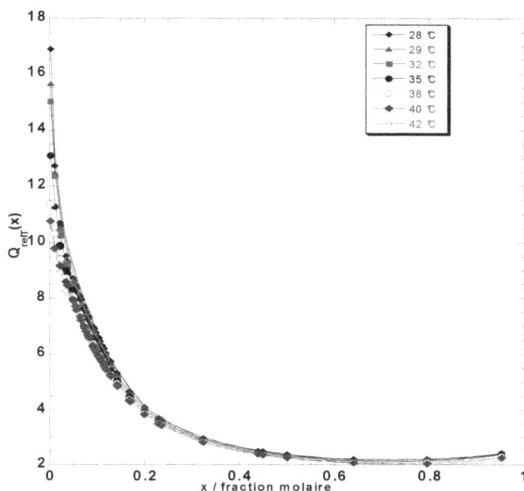

Figure 8 La fonction réduite et relative expérimentale de Redlich-Kister $Q_{exp,rel,T}(x)$, à différentes températures pour la viscosité ($Q_{exp,rel,T}(x_1) = \Delta\eta/(x_1(1 - x_1)\eta$ Eq. 13) dans les mélanges eau-acide isobutyrique en fonction de la fraction molaire x_1 en acide isobutyrique.

Encore, dans plusieurs situations, lorsque la courbe représentative de la fonction $Q_{RK}(x)$ présente une particularité ou un extrémum alors que celle de la fonction $Q_{RK,rel}(x)$ le sera aussi mais d'une manière plus dégagée et plus amplifiée dévoilant ainsi des phénomènes ou interactions. Nous avons observé aussi que les abscisses x des particularités des courbes mentionnées précédemment tendent lentement, selon que la température augmente ou diminue, vers une abscisse particulière et ceci lorsque la température s'approche d'une valeur particulière comme pour les mélanges étudiés telle que la température de transition de phase, d'un eutectique ou d'un azéotrope.

A.III.2. Une équation récemment proposée par Herráez

A.III.2.1. *Expression de l'équation de Herráez*
L'équation de Herráez et coll. [7] proposée très récemment (Eq. 14) rentre dans le cadre des équations empiriques de corrélation de viscosité pour satisfaire le maximum de données numériques exposées dans la littérature et dans les banques de données. Cette équation se base sur un comportement linéal.

$$\eta = \eta_2 + (\eta_1 - \eta_2)\, x_1^{P_n(x_1)} \tag{14}$$

où $P_n(x_1)$ est un polynôme qui peut aller jusqu'au 2ème degré.

$$P_n(x) = B_0 + B_1 x_1 + B_2 x_1^2 \qquad (15)$$

De même pour être valable dans certains cas, son équation adopte l'expression qui décrit l'autre face :

$$\eta = \eta_1 + (\eta_2 - \eta_1) \, x_2^{P_n(x_1)} \qquad (16)$$

où $P_n(x_2)$ est un polynôme qui peut aller aussi jusqu'au 2ème degré.

$$P_n(x) = B_0 + B_1 x_2 + B_2 x_2^2 \qquad (17)$$

En exploitant 47 différents mélanges binaires, les auteurs ont montré expérimentalement qu'on obtient plus de satisfaction dans les résultats lorsque le modèle traite des distributions de points strictement monotones décroissantes-concaves (mélanges du type A) et croissantes-convexes (mélanges du type B). De même, les auteurs ajoutent que l'application de leur modèle exclut les distributions de points expérimentaux présentant un extrémum (un maximum pour le type D ou un minimum pour le type C) où la performance de ce modèle chute et donne dans plusieurs situations des résultats aberrants (Figs. 9 et 10).

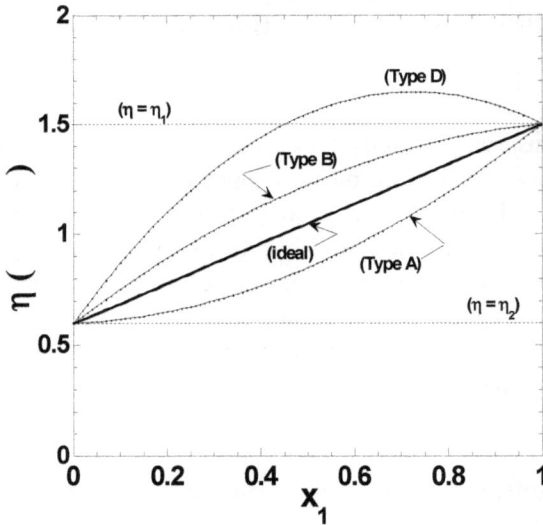

Figure 9 Types de distributions de points expérimentaux pour la viscosité (η) dans les mélanges binaires liquides en fonction de la fraction molaire x_1 du composant (1), (case où $\eta_2 < \eta_1$). Distributions valables pour l'équation 14.

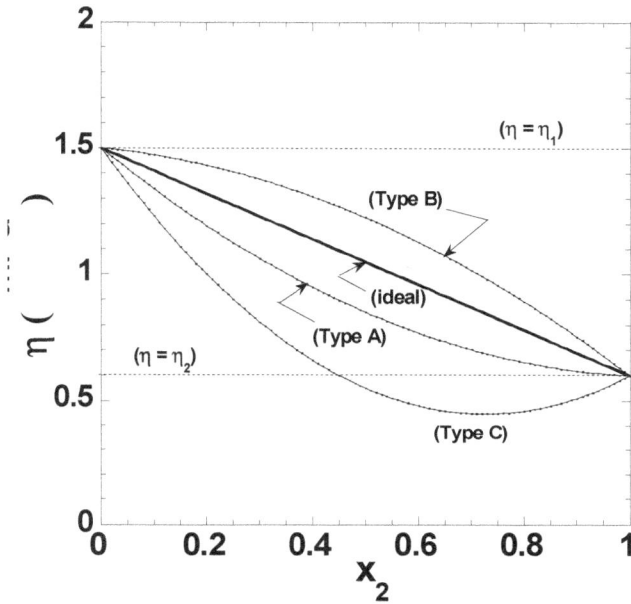

Figure 10 Types de distributions de points expérimentaux pour la viscosité (η) dans les mélanges binaires liquides en fonction de la fraction molaire x_1 du composant (1), (case où $\eta_2 < \eta_1$). Distributions valables pour l'équation 16.

A.III.2.2. _Compétition entre l'équation de Herráez et l'équation de Redlich-Kister_

Pour estimer la validité de leur modèle, les auteurs ont testé leur équation (Eq. 14) ainsi que celle de RK (Eq. 1) sur 47 différents mélanges binaires et ceci en comparant les deux équations ayant un même nombre de paramètres ajustables. Le travail a été réalisé en trois étapes : une avec un seul paramètre ajustable : (B_0 (Eq. 14) et A_0 (Eq. 1)) puis deux : (B_0, B_1) et (A_0, A_1) ensuite trois : (B_0, B_1, B_2) et (A_0, A_1, A_2). L'exploitation des résultats des valeurs de ces coefficients ainsi que la déviation standard correspondant à chaque opération de calcul ont permis aux auteurs de conclure que dans la compétition entre leur équation et celle de RK, la performance est meilleure, suivant la nature des mélanges investigués, tantôt pour l'équation de RK tantôt pour leur équation et globalement ils préfèrent l'utilisation de cette dernière avec un polynôme (Eq. 15) de degré maximal 2 (trois paramètres ajustables).

A.III.2.3. _Exposant universel dans l'équation de Herráez et généralisation à_
d'autres grandeurs

En collaboration avec des collègues de mathématiques appliquées nous sommes arrivés à appliquer l'équation de Herráez dans les mélanges binaires eau-dioxanne et d'eau-acide isobutyrique [50,85-86] présentant un maximum (type D). Nous concluons que, contrairement à ce qu'a dit Herráez, le modèle peut être appliqué pour les mélanges du type C ou D (Figs. 9 et 10) dans la précaution de respecter le domaine de définition mathématique de la fonction $x_1^{Pn(x_1)}$ de l'équation 14 et d'augmenter le degré du polynôme $P_n(x)$ de l'équation 15 (n = 3 ou 4) pour satisfaire les résultats expérimentaux. En effet, pour les mélanges de type C ou D, l'équation de Herráez ne peut s'appliquer que dans un seul sens où la variable utilisée x_i ne peut avoir qu'un seul cas de figure (soit x_1 seulement, soit x_2) selon que les valeurs de la viscosité η des mélanges dans tout le domaine de composition $x_i \in [0, 1]$ sont absolument majorées ou minorées par la valeur de la viscosité η_j du constituant « j » pur. Cependant, poussé par la curiosité d'observer l'allure du polynôme « vrai » de Herráez $P_n(x)$ (Eqs. 15 et 17) et ceci en le déduisant des valeurs expérimentales de viscosité η de chaque mélange binaire de composition x (Eq. 18) à une température T fixée.

$$P_{exp,T}(x_1) = \frac{ln\left(\frac{\eta - \eta_2}{\eta_1 - \eta_2}\right)}{ln\, x_1} \qquad (18)$$

Remarquons que l'expression mathématique de $P_{exp,T}(x_1)$ montre bien les raisons des restrictions d'utilisation et les précautions à prendre dans la manipulation des données expérimentales relatives aux mélanges du type C ou D. Cependant, la représentation graphique de $P_{exp,T}(x_1)$ en fonction de la fraction molaire x relative aux mélanges eau-dioxanne et eau-acide isobutyrique [50,85-86] à différentes températures T fixées montre qu'il possède des allures similaires des courbes représentatives pour chaque mélange et qui se caractérise par un point commun spectaculaire (Fig. 11) et ceci quelque soit la température du même système étudié.

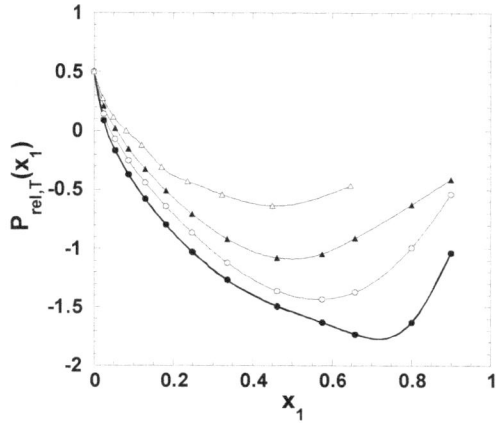

(a)

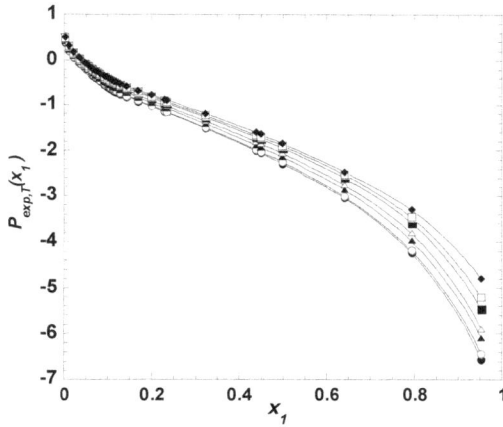

(b)

Figure 11 Le polynôme exposant expérimental de Herráez (Eq. 18) $P_{exp,T}(x_1)$,

    (a) : dans les mélanges eau-dioxanne en fonction de la fraction molaire x_1 en dioxanne, (●): 293,15 K; (○): 303,15 K; (▲): 313,15 K (△): 323,15 K.

    (b) : dans les mélanges eau-acide isobutyrique en fonction de la fraction molaire x_1 en acide isobutyrique, (●): 301,15K ; (○): 302,15K; (▲): 305,15K ; (△): 308,15K ; (■): 311,15K ; (□): 313,15K and (♦): 315,15K.

En effet, toutes les courbes montrent que les valeurs de $P_{exp,T}(x_1)$ quelque soit la température T, convergent vers une valeur unique $P_{exp,T}(0) = 0,5$ à dilution infinie du constituant (2) dans (1) lorsque ce dernier représente la variable $x = x_1$ dans le polynôme $P_{exp,T}(x)$.

Dans une première étape nous avons supposé que dans cette découverte, la valeur 0,5 s'identifiant à celle du coefficient B_0 (Eq. 15) correspond à un exposant universel dans le modèle de Herráez, qui pourra nous faire gagner un paramètre qui devient ainsi non ajustable et qui améliorera ainsi ce modèle [7].

Dans une deuxième étape, afin de trouver une signification du terme B_0 (étant apparemment un exposant universel), nous avons supposé un développement limité de la variation de la viscosité η en fonction de la concentration $C = C_1$ du constituant 1 (supposé soluté) dans le constituant 2 (supposé solvant) et ceci à grande dilution (où $x \simeq 0$).

$$\eta\,(C) = \eta_2\,(1 + A_1\,C^{1/2} + A_2\,C + A_3\,C^{3/2} + A_4\,C^2 + ...) \tag{19}$$

Notons que les trois premiers termes forment l'équation de Jones-Dole [71,87-88] (Eq. 20) dont $A = A_1$, représente le facteur électrostatique d'interaction ion-ion dans les solutions d'électrolyte ou soluté-soluté dans les systèmes non-électrolytiques, et $B = A_2$ représente les interactions ion-solvant ou soluté-solvant et ceci dans les cas des solutions diluées.

$$\eta = \eta_0\,(1 + A\,\sqrt{C} + B.C) \tag{20}$$

De même pour des systèmes de moins en moins dilué on peut ajouter encore des termes tel que celui en $E.C^2$ de Kawazaki [88-89]. Moyennant la relation entre la concentration C et la fraction molaire x du constituant 1 :

$$C = \frac{x.\rho}{x(M_1 - M_2) + M_2} \tag{21}$$

Nous avons pu écrire (en collaboration avec les mathématiciens) un deuxième développement limité de la viscosité η du mélange à grande dilution en fonction de la fraction molaire x :

$$\eta(x) = \eta_2(1 + a_1\,x^{1/2} + a_2\,x + a_3\,x^{3/2} + a_4\,x_2 + a_5\,x^{5/2} + ...) \tag{22}$$

où les constantes a_i sont reliées à ceux de l'équation 19 dont nous citons par exemple $(a_1 = A_1.\sqrt{\frac{\rho_2}{M_2}})$. En injectant ce développement limité (Eq. 22) dans l'expression du polynôme expérimental de Herráez $P_{exp,T}(x)$ (Eq. 18) nous avons pu aussi exprimer ce dernier en un développement assez complexe au voisinage de zéro :

$$P(x) = \frac{1}{2} + [\ln\,(\frac{a_1\eta_1}{\eta_1 - \eta_2}) + \frac{a_2}{a_1}\,x^{1/2} + (\frac{a_3}{a_1} - \frac{a_2^2}{a_1^2})\,x + ...]\,/\ln x \tag{23}$$

Grâce à cette expression on peut maintenant expliquer pourquoi dans le cas de grande dilution (où $x \rightarrow 0^+$), $P_{exp,T}(x)$ tend vers une valeur fixe (0,5) indépendante de la température et qui correspond à l'exposant du 2ème terme de l'équation de Jones-Dole (Eq. 20).

Nous concluons que lorsqu'il s'agit de la présence d'interaction ion-ion ou soluté-soluté du type électrostatique, le polynôme de Herráez $P_{exp,T}(x)$ tend vers la valeur ½ et ceci quelque soit la température et nous pouvons considérer ainsi que la valeur B_0 = ½ comme étant un exposant universel qui nous permet d'avoir un paramètre ajustable de moins dans l'exploitation des résultats des données expérimentales et d'améliorer ainsi le modèle de Herráez en lui donnant aussi une signification physique.

Dans une troisième étape nous avons essayé de tester le polynôme expérimental de Herráez (Eq. 18) dans plusieurs autres mélanges binaires liquides. Nous avons pu constater qu'il existe des mélanges où les courbes représentatives de $P_{exp,T}(x)$ tendent vers une autre valeur fixe telle que $B_0 = 1$ et même 2 toujours indépendante de la température. Nous pouvons l'expliquer par le fait que dans les Eqs. 19, 20 et 22, si les termes (A_1, A et a_1) sont nuls, alors le développement limité de l'équation 23 devient :

$$P_{exp,T}(x) = 1 + \ln \left[\frac{\eta_2}{\eta_1 - \eta_2} . a_2\right] / \ln x \qquad (24)$$

et nous pouvons expliquer ainsi la convergence de $P_{exp,T}(x)$ vers 1 à dilution infinie lorsque $x \to 0$.

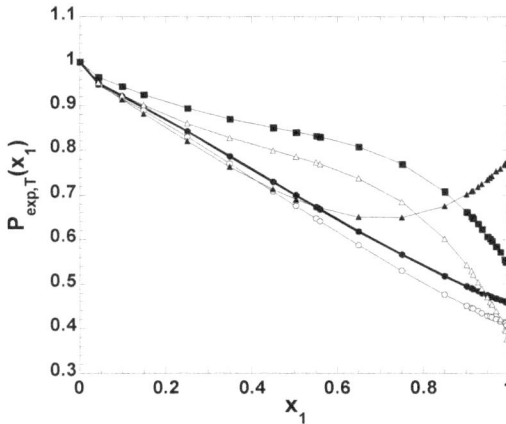

Figure 12 Le polynôme exposant expérimental de Herráez (Eq. 18) $\mathbf{P_{exp,T}(x_1)}$, dans les mélanges eau-propan-1,2-diol en fonction de la fraction molaire x_1 en eau, (●): 298,15 K; (○): 308,15 K; (▲): 318,15 K; (△): 328,15 K and (■): 338,15 K [90].

Dans ce cas nous pourrons conclure que l'interaction ion-ion ou soluté-soluté est très négligeable ou totalement absente à grande dilution surtout dans le cas des systèmes non électrolytiques où aucun des constituants n'a subi de dissociation ou tout autre phénomène responsable de l'apparition de charges ou dipôles électrostatiques.

Dans une quatrième étape nous avons essayé d'appliquer le modèle de Herráez (Eq. 14) à d'autres grandeurs physico-chimiques autres que la viscosité [51,90]. Nous avons conclu que ce modèle est valable et est doté toujours d'un exposant critique caractéristique de la grandeur étudiée, citons par exemple le volume : 1, l'indice de réfraction : 1, la conductivité électrique : ½ etc....

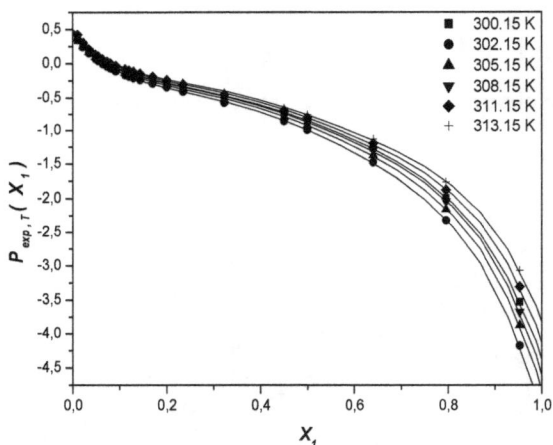

Figure 13 Le polynôme exposant expérimental de Herráez (Eq. 18) $P_{exp,T}(x_1)$, pour la conductivité électriques des mélanges eau-acide isobutyrique en fonction de la fraction molaire x_1 en acide isobutyrique.

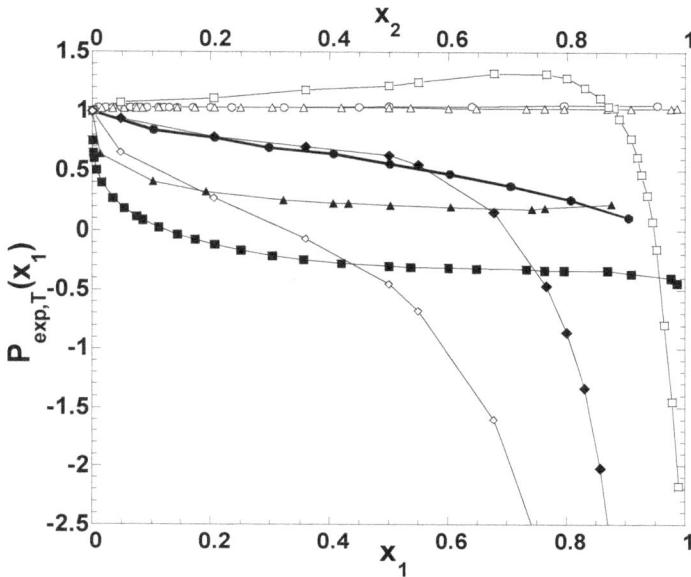

Figure 14 Le polynôme exposant expérimental de Herráez (Eq. 18) $P_{exp,T}(x_1)$, électriques des mélanges binaires eau-acide isobutyrique (W+IBA) ou eau-dioxanne (W+D) pour quelques grandeurs physico-chimiques en fonction de la fraction molaire x_1 de l'un des deux constituants.

a) x_1 en IBA ou D, (●): indice de réfraction **n** pour IBA+W à 313,15 K ; (○): volume molaire V pour IBA+W at 313,15 K ; (▲): indice de réfraction **n** pour D+W à 298,15 K ; (△): volume molaire **V** pour D+W à 298,15 K ; (■): masse volumique ρ pour D+W à 298,15 K ;

b) X_2 en IBA, (□): masse volumique ρ pour IBA+W à 313,15 K ; (◆): entropie d'activation d'écoulement de viscosité ΔS^* pour IBA+W à 313,15 K ; (◇): enthalpie d'activation d'écoulement de viscosité ΔH^* pour IBA+W à 313,15 K.

A.III.3. Une équation récemment proposée par Belda

A.III.3.1. *Expression de l'équation de Belda*

L'équation de Belda [8] proposée très récemment (Eq. 25) rentre dans le cadre des équations empiriques qui font intervenir un facteur correctif au comportement linéaire. Elle comporte deux paramètres ajustables m_1 et m_2.

$$y(x) = y_2 + (y_1 - y_2)x_1 \cdot \frac{1 + m_1 (1 - x_1)}{1 + m_2 (1 - x_1)} \tag{25}$$

où y désigne la grandeur expérimentale mesurée et y_1 et y_2 sont celles des constituants purs.

Cette équation de corrélation a été proposée pour l'étude de la densité, la viscosité, la tension de surface et l'indice de réfraction dans les mélanges binaires liquides. Pour chacune de ces quatre grandeurs physiques, l'auteur a testé son équation sur une cinquantaine de différents mélanges binaires.

Malgré que le facteur correctif $F_{Belda,th}$ introduit est une fonction homographique de x_1 dont le comportement est unique (Eq. 26) et malgré la diversité des mélanges binaires ainsi que les types d'interactions qui les gouvernent, l'auteur déclare et conclut que son équation proposée cadre très bien les propriétés des quantités physico-chimiques étudiées avec un pourcentage de concordance statistique qui dépasse les 80 % et que la quasi-totalité des points expérimentaux se confond avec la courbe correspondant à l'ajustement de son équation.

$$F_{Belda,th} = \frac{1 + m_1 (1 - x_1)}{1 + m_2 (1 - x_1)} \tag{26}$$

A titre d'exemple la figure 15 donne une comparaison des facteurs correctifs de Belda $F_{Belda,th}$ et $F_{Belda,exp}$ (théorique : Eq. 26 et expérimentale : Eq. 27) pour la masse volumique ρ des mélanges eau- dioxanne à 25 °C.

$$F_{Belda,exp} = \frac{(y - y_2)}{(y_1 - y_2).x_1} \tag{27}$$

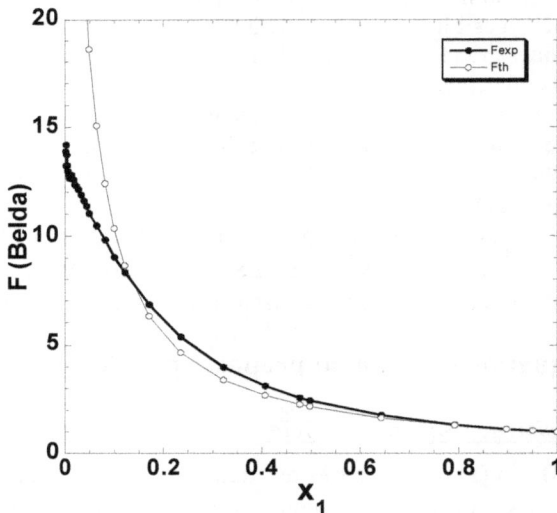

Figure 15 Le facteur correctif de Belda théorique $\mathbf{F_{Belda,th}}$ (Eq. 26) et expérimental $\mathbf{F_{Belda,exp}}$: (Eq. 27) pour la masse volumique ρ des mélanges eau-dioxanne en fonction de la fraction molaire x_1 en dioxanne à 25 °C.

A.III.3.2. *Compétition entre l'équation de Belda et l'équation de Redlich-Kister*

Pour chacune des grandeurs physiques étudiées (densité, viscosité, tension de surface et indice de réfraction), l'auteur a testé son équation de corrélation à deux paramètres ajustables (m_1 et m_2) sur environ 50 mélanges binaires ainsi que celle de RK (Eq. 1) ayant aussi le même nombre de paramètres ajustables (A_0 et A_1). L'auteur a présenté pour chaque mélange et chaque équation les valeurs des coefficients et la déviation standard correspondante. Il conclut que la validité de son modèle ainsi que sa performance égalent celles de RK au minimum et dans la plupart des cas elles excellent. Nous avons appliqué son équation pour la viscosité aux mélanges eau-dioxanne et eau- acide isobutyrique qui sont caractérisés par de fortes interactions.

Nous concluons que le modèle ne cadre pas d'une manière satisfaisante nos points expérimentaux. La figure 16 donne un exemple.

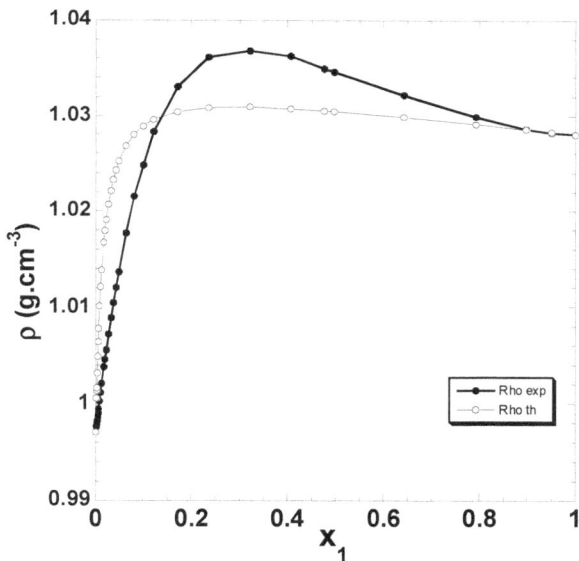

Figure 16 Comparaison entre la masse volumique expérimentale et celle calculée par le modèle de Belda (Eq. 25) des mélanges eau-dioxanne en fonction de la fraction molaire x_1 en dioxanne à 25 °C.

A.III.3.3. *Signification physique des paramètres de l'équation de Belda*

Moyennant les équations de dérivation permettant d'exprimer et de déterminer les quantités molaires partielles $\overline{y_1}$ et $\overline{y_2}$ des deux constituants dans les mélanges binaires à une composition x donnée et des opérations de limite, nous avons pu conclure que les deux paramètres ajustables (m_1 et m_2) du modèle empirique de Belda (Eq. 25) sont en relation directe avec les quantités molaires partielles à dilution infinie $\overline{y_1^\infty}$ et $\overline{y_2^\infty}$. En effet, nous avons retrouvé que :

$$\overline{y_1^\infty} = (m_1 - m_2)(y_1 - y_2) + y_1 \tag{28}$$

et
$$\overline{y_2^\infty} = \left(\frac{m_1 - m_2}{1 + m_2}\right)(y_1 - y_2) + y_2 \tag{29}$$

avec y_1 et y_2 les quantités de chaque constituant pur.

Notons que ces équations (28 et 29) ne sont valables et n'ont des significations que si la quantité y étudiée est une grandeur thermodynamique c.à.d. une fonction d'état.

A.III.4. Contribution à la modélisation de la viscosité des mélanges binaires liquides

A.III.4.1. *Proposition d'extension du modèle de Grunberg-Nissan*

Dans le chapitre précédent nous avons exposé quelques modèles empiriques ou semi-empiriques de corrélation de viscosité à un, deux et trois paramètres ajustables. Parmi ces modèles, nous avons choisi celui de Grunberg-Nissan (Eq. 30) [43] pour proposer une extension en incluant certaines modifications :

$$\eta = \exp(x_1 \ln \eta_1 + x_2 \ln \eta_2 + x_1 x_2 G_{12}) \tag{30}$$

Les raisons qui nous ont incités au choix de ce modèle pour réaliser des modifications sont les suivantes :

(i) Ce modèle est à un seul paramètre ajustable G_{12}. Par conséquent, l'ajout d'un ou de deux autres paramètres ajustables ne va pas diminuer la qualité et l'intérêt du modèle dans la pratique.

(ii) Ce modèle à un seul paramètre ajustable ne satisfait pas à un bon nombre de mélanges binaire vu la grande diversité des systèmes binaires et les types d'interactions qui les gouvernent.

(iii) L'expression de ce modèle a le caractère le moins « empirique ». En effet, un très grand nombre de systèmes liquides obéit à la loi d'Arrhenius (Eq. 31) lorsque la température T varie :

$$\ln \eta = As + Ea/RT \tag{31}$$

où A_s est le facteur entropique d'Arrhenius et Ea est l'énergie d'activation de viscosité d'Arrhenius du mélange binaire considéré.

Lorsque nous écrivons la forme logarithmique du modèle de Grunberg-Nissan :

$$\ln \eta = x_1 \ln \eta_1 + x_2 \ln \eta_2 + x_1 x_2 G_{12} \tag{32}$$

nous pouvons expliciter le paramètre de température T grâce à l'expression d'Arrhenius (Eq. 31) :

$$\ln \eta = (x_1 \, As_1 + x_2 \, As_2) + \frac{(x_1 Ea_1 + x_2 Ea_2)}{RT} + x_1 . x_2 \, G_{12} \tag{33}$$

En comparant les Eqs. 31 et 33 nous pouvons supposer que l'énergie d'activation de viscosité Ea obéit en quelque sorte à la loi d'additivité et le paramètre G_{12} compense et corrige l'écart à l'idéalité.

Les raisons précédentes nous ont encouragé à choisir ce modèle pour l'étendre d'une manière semi-empirique. En effet, en raison de l'énergie d'activation de viscosité Ea et de son facteur entropique As (Eq. 31) qui se comporte comme une fonction d'état dans pratiquement la majorité des systèmes binaires, nous sommes parti de l'expression de l'enthalpie libre d'excès et celles des coefficients d'activité dans le développement de Margules :

$$G^E/_{RT} = x_1 \, x_2 \, [A \, x_2 + B \, x_1 - D \, x_1 \, x_2] \tag{34}$$

$$\ln \gamma_1 = [A + 2(B - A - D) \, x_1 + 3D \, x_1^2] x_2^2 \tag{35}$$

$$\ln \gamma_2 = [B + 2(A - B - D) \, x_2 + 3D \, x_2^2] x_1^2 \tag{36}$$

Nous avons pensé à remplacer les fractions molaire x_i dans l'équation 30 par les activités ($a_i = \gamma_i \, x_i$) en prenant comme expression du coefficient d'activité γ_i celle des Eqs. 35 et 36 de Margules mais en se contentant seulement du premier terme de chaque équation. Nous obtenons ainsi un modèle à trois paramètres ajustables (**A**, **B** et **g$_{12}$**) :

$$\ln \eta = x_1 \, e^{A x_2^2} \ln \eta_1 + x_2 e^{B x_1^2} \ln \eta_2 + \mathbf{g_{12}} \, x_1 \, x_2 e^{A x_2^2 + B x_1^2} \tag{37}$$

Une application rapide du modèle de Grunberg-Nissan (Eq. 32) et du modèle modifié (Eq. 37) montre que ce dernier donne beaucoup plus de satisfaction pour décrire le comportement des mélanges binaires liquides et ceci est dû non seulement à l'ajout des deux paramètres mais aussi à la forme exponentielle de Margules dans laquelle ils sont introduits.

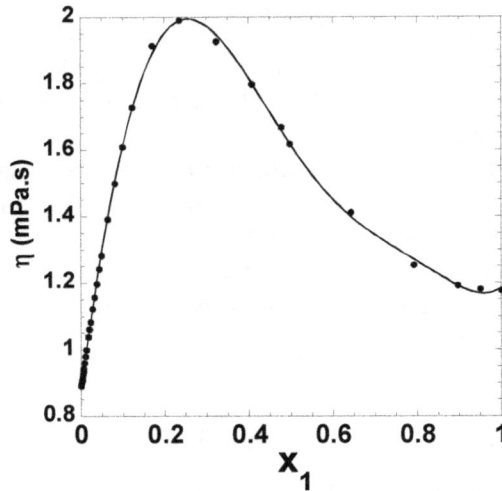

Figure 17 Comparaison entre la viscosité dynamique η expérimentale et celle calculée pour les mélanges eau-dioxanne en fonction de la fraction molaire x_1 en dioxanne à 25 °C.

A.III.4.2. *Conclusion*

Vue la grande variété des systèmes binaires liquides dont les molécules sont assujetties à plusieurs types d'interactions et de corrélations, la proposition des équations empiriques ou semi-empiriques reste un champ très vaste pour décrire des systèmes qui s'écartent plus ou moins du comportement linéaire. Cependant, nous concluons qu'il est préférable de faire des recherches proprement dites sur la vraie modélisation et ceci en investiguant les effets des paramètres de structure sur l'amplitude de la viscosité ainsi que sur la variation de celle-ci que ce soit en fonction de la fraction molaire (l'effet de l'introduction progressive d'un deuxième constituant sur un premier) ou en fonction de la température. Ensuite, nous examinerons l'effet de l'énergie d'activation de viscosité ainsi que la relation ordre-désordre [49,51,86] entre les molécules qui sont plus ou moins corrélées et nous cherchons une relation entre ces comportements et les phénomènes susceptibles d'être présents dans les systèmes étudiés.

Partie B

Autodiffusion ionique des traceurs radioactifs trivalents de terres rares ^{152}Eu(III), ^{153}Gd(III), ^{157}Tb(III), ^{170}Tm(III), ^{241}Am(III), ^{244}Cm(III), ^{249}Bk(III), ^{249}Cf(III) et ^{254}Es(III) dans les mélanges binaires

Chapitre I

Autodiffusion ioniques des traceurs trivalents 4f et 5f dans les solutions aqueuses d'électrolyte support à pH 2,5 et à 298,15 K

B.I.1. Une équation pour la variation de viscosité dans les solutions aqueuses concentrées de nitrate de lanthanides trivalents $Ln(NO_3)_3$

B.I.1.1. *Cas des solutions diluées*

Dans le cas des solutions suffisamment diluées (C < 0, 114 M), la théorie électrostatique de Falkenhagen [91] peut être utilisée pour évaluer et interpréter les interactions ion-ion et ion-solvant à travers les coefficients semi-empiriques respectivement A et B de Jones-Dole [71,87] (Eq. 1).

$$\eta = \eta_0 (1 + A \sqrt{C} + B.C) \qquad (1)$$

où A explicité, par Falkenhagen [91], dépend de la température des conductivités équivalentes limites et des charges des ions présents, de la viscosité et de la constante diélectrique du solvant.

Le facteur B dépend des interactions ion-solvant et par conséquent il est en relation avec le phénomène de solvatation, les rayons des ions solvatés et le degré ordre-désordre introduit par ces ions dans la structure du solvant. Ajoutons que le coefficient B obéit empiriquement à la loi d'additivité ($B = B_{cation} + B_{anion}$).

Grâce à l'équation d'Einstein (Eq. 2) et en négligeant le facteur A de l'équation 1, on peut déterminer les volumes du cation Ln (III) hydraté.

$$\eta = \eta_0 (1 + 2,5 \ \text{ø}) \qquad (2)$$

où ø représente la fraction de volume du soluté $Ln(NO_3)_3$ hydraté.

En s'inspirant de la valeur de B $(NO_3^-) = -0,046$ [45,92-93] et de la valeur du volume molaire de l'eau à 25°C on peut déterminer le nombre total h d'hydratation des cations Ln(III).

Pour les cations trivalents de lanthanides étudiés (La (III), Ce (III), Nd (III), Eu (III) et Gd (III)) le nombre d'hydratation h est de l'ordre de 13. Cette valeur est en accord avec celle obtenue par la technique d'autodiffusion ionique des traceurs [153]Gd^{3+}, [152]Eu^{3+}, [157]Tb^{3+} et [170]Tm^{3+} [9-13].

B.I.1.2. *Cas des solutions concentrées*

Pour les solutions de moins en moins diluées, des tentatives d'extension de l'équation de Jones-Dole (Eq. 1) ont été amenées en ajoutant un ou deux termes. Nous pouvons résumer ces équations en un développement limité similaire à celui de l'équation 19 du chap. A.III. :

$$\eta = \eta_0 (1 + A.C^{1/2} + B.C + D.C^{3/2} + E.C^2 + \ldots) \tag{3}$$

Rappelons que les trois premiers termes représentent ceux de Jones-Dole et le cinquième celui de Kawazaki [87-89].

Allant vers les solutions beaucoup plus concentrées, les modèles en exponentielle cadrent le plus les données expérimentales. Rappelons par exemple celui d'Afzal et Coll. [94] (Eq. 4).

$$\eta = a_0 \exp (b_0\, C + c_0\, C^2) \tag{4}$$

dont a_0, b_0, et c_0 sont des paramètres ajustables.

Dans une tentative de modélisation, d'autres auteurs, ont explicité la contribution de chaque espèce chimique (i) présente dans la solution :

$$\eta = \eta_0 (1 + \sum a_i m_i) \tag{5}$$

où η_0 : la viscosité du solvant pur, m_i la molalité de l'espèce (i) présente, les a_i sont des coefficients ajustables. Etant donné que la molalité a la caractéristique d'être indépendante de la température, nous avons proposé une équation similaire à l'équation 4 et qui cadre la viscosité de nos systèmes étudiés jusqu'à la saturation [46] :

$$\ln \eta_{rel} = \ln(\frac{\eta}{\eta_0}) = 1 + b_1\, m + b_2\, m^2 + b_3\, m^3 \tag{6}$$

avec b_1, b_2 et b_3 : trois paramètres ajustables et m la molalité des solutions aqueuses d'électrolyte support de terre rare.

Pour le domaine de températures étudié allant de 19°C à 42°C, ce modèle cadre très bien les données expérimentales de la viscosité (η) des solutions aqueuses de nitrates de lanthanides $\{La(NO_3)_3,\ Ce(NO_3)_3,\ Nd(NO_3)_3$ et $Gd(NO_3)_3\}$ et surtout dans la région de très forte concentration qui peut aller jusqu'à 11 M.

B.I.1.3. *Effet de la température*

Dans le modèle empirique proposé (Eq. 6) seuls les paramètres b_1, b_2 et b_3 dépendent de la température et varient linéairement (Eq. 7) avec l'inverse de la température absolue T (K) du système et ceci dans tout le domaine étudié de concentrations.

$$b_i = \alpha_i + \frac{\beta_i}{T} \qquad (7)$$

où α_i et β_i sont des paramètres se rapportant à b_i et sont déduits graphiquement de la courbe $b_i = f(\frac{1}{T})$ [46]. Ce comportement nous amène à conclure que la viscosité η des solutions aqueuses de terres rares obéit à la loi d'Arrhenius dans tout le domaine de concentrations (jusqu'à même la saturation).

En effet, moyennant l'équation d'Arrhenius pour la solution :

$$\ln \eta(T) = As + Ea/RT \qquad (8)$$

et pour l'eau pure : $\qquad \ln \eta_0(T) = As_0 + Ea_0/RT \qquad (9)$

nous pouvons aboutir à :

$$As(m) = As_0 + \sum_1^3 \alpha_i m^i \qquad (10)$$

et $\qquad Ea(m) = Ea_0 + R.\sum_1^3 \beta_i m^i \qquad (11)$

Expérimentalement le facteur entropique d'Arrhenius $As(m)$ et l'énergie d'activation de viscosité $Ea(m)$ varient dans le sens inverse avec la concentration. Par conséquent, l'élimination de la variable (m) et le traçage de Ea en fonction de As montre la corrélation ordre-désordre et que la structure de l'eau subit un changement profond à partir de $m = 0,9$ mol.kg^{-1} (c.f. Thèse en instance).

B.I.1.4. *Amélioration de l'équation proposée*

Dans un souci de rendre l'équation précédemment proposée (Eq. 6) moins empirique et plus significative, nous sommes en train de tester et travailler une nouvelle expression de la viscosité (η) en fonction de monômes en racine carrée de la molalité m (Eq. 12) :

$$\eta = \eta_0 \exp (a_1 m^{1/2} + a_2 m + a_3 m^{3/2}) \qquad (12)$$

où a_1, a_2 et a_3 des paramètres ajustables qui dépendent de la température et de la nature du système.

Si nous ne possédons pas de données de la viscosité du solvant η_0, nous pouvons considérer la valeur de celle-ci comme étant un paramètre libre et la relation précédente possède ainsi quatre paramètres ajustables (a_0, a_1, a_2 et a_3) et s'écrit comme suit :

$$\eta = \exp (a_0 + a_1 \, m^{1/2} + a_2 \, m + a_3 \, m^{3/2}) \qquad (13)$$

où a_0 désigne le logarithme népérien de la viscosité du solvant ($a_0 = \ln(\eta_0)$).

Le comportement linéaire des courbes $a_i = f\left(\frac{1}{T}\right)$ montre que la viscosité suit la loi d'Arrhenius dans tout le domine de concentrations étudié (Fig. 2).

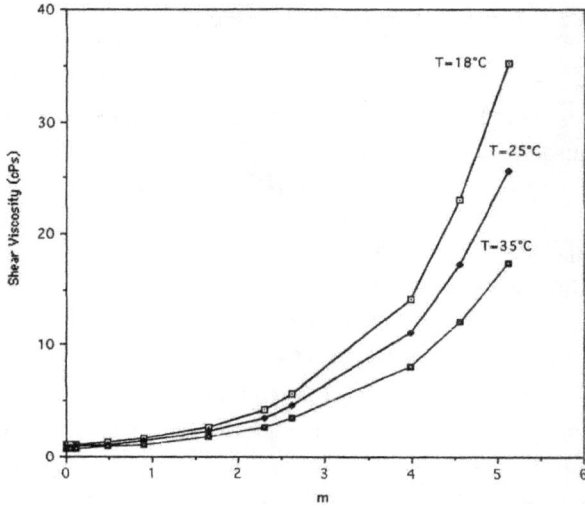

Figure 1 Variation de la viscosité dynamique η (mPa.s) des solutions aqueuses de nitrate de cérium $Ce(NO_3)_3$ en fonction de la molalité **m** à trois différentes températures [46].

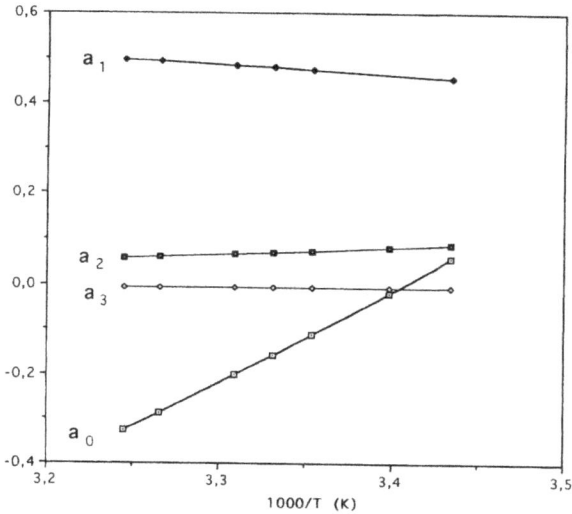

Figure 2 Variation des coefficients a_i relatifs aux solutions aqueuses de nitrate de cérium $Ce(NO_3)_3$ en fonction de l'inverse de la température absolue $(1/T)$ [46].

Une raison qui nous a amené à choisir cette forme est que la validité de ce modèle doit obligatoirement supposer son application aux domaines très dilué tout d'abord. En effet, lorsque nous supposons le développement limité de l'exponentielle, l'équation 12 peut s'écrire comme suit :

$$\eta = \eta_0 \left[1 + a_1 m^{1/2} + \left(a_2 + \frac{a_1^2}{2} \right) m + \left(a_3 + a_1 a_2 + \frac{a_1^3}{6} \right) m^{3/2} + \cdots \right] \quad (14)$$

Moyennant la variation de la masse volumique exposée dans le chapitre précédent (chap. A.I.) :

$$\rho = \rho_0 + \delta.C \quad (15)$$

ainsi que la relation entre la molarité C et la molalité m :

$$\eta = \frac{C}{\rho - \frac{M_1.C}{1000}} \quad (16)$$

où M_1 représente la masse molaire du nitrate de terre rare $Ln(NO_3)_3$, nous pouvons aboutir mathématiquement à l'expression de l'équation 3 où :

$$a_1 = A. \rho_0^{1/2} \quad (17)$$

$$a_2 = \left(B - \frac{A^2}{2} \right) \rho_0 \quad (18)$$

$$a_3 = \left[D + \frac{D}{2\rho_0} \left(\frac{\delta - M_1}{1000} \right) - AB + \frac{A^3}{3} \right] \rho_0^{3/2} \quad (19)$$

Ainsi, à grande dilution, l'équation 12 se confond à celle de Jones-Dole. De même si nous travaillons avec des solutions moyennement concentrées, nous pouvons prévoir la variation de la viscosité η en utilisant uniquement deux paramètres ajustables a_1 et a_2 que nous pouvons leur donner une première initialisation ou estimation de leur valeur en utilisant les équations 17 et 18 où (ρ_0) représente la masse volumique de l'eau pure à la température T, (A) le coefficient de Jones-Dole pouvant être calculé à partir des données de la littérature [91] et (B) est déterminé par la loi d'additivité (B = B_{cation} + B_{anions}) mentionnée précédemment et qui se trouve dans les banques de données de la littérature [45,92-93]. De cette manière, nous pouvons prévoir la variation de la viscosité η d'une solution aqueuse en fonction de la concentration jusqu'à 4 M.

B.I.2. Une équation pour la variation de l'autodiffusion des cations trivalents de lanthanides dans les solutions aqueuses d'électrolyte support de $Ln(NO_3)_3$ à pH 2,5 et 25°C

B.I.2.1. *Cas des solutions diluées*

Les coefficients d'autodiffusion ionique des ions traceurs radioactifs de cations trivalents de lanthanide sont déterminés par la technique du capillaire [15-19]. Elle se base sur l'autodiffusion des ions marqués depuis un tube capillaire contenant une solution de concentration C d'électrolyte support vers un conteneur ayant la même concentration C de ce même électrolyte support ne contenant pas d'ions marqués. La diffusion se fait ainsi uniquement sous le gradient isotopique de très faible valeur.

Dans le cas des solutions suffisamment diluées, et surtout pour les solutions d'électrolytes asymétriques (3:1) seule la loi limite d'Onsager [28-30] est applicable. Pour éviter les phénomènes d'hydrolyse, de complexation et de formation de paires d'ions nous avons travaillé à pH 2,50 en la présence de l'acide nitrique HNO_3. Tenant compte du fait que l'influence de la force ionique sur le déplacement des ions se manifeste essentiellement par les effets de relaxation diélectrique et d'électrophorèse, Onsager exprime le coefficient d'autodiffusion D ; du traceur radioactif (i) de charge (z) dans un ensemble d'espèces ioniques (j) comme suit :

$$D = D° \left[1 - \frac{K z^2 e^2}{3\varepsilon_e} (1 - \sqrt{d_1})\right] \qquad (20)$$

avec
$$\kappa = \left(\frac{8\pi N_A e^2}{1000\varepsilon_e k_B T} . I\right)^{1/2} \qquad (21)$$

et
$$d_1 = \frac{z_1}{z_2 + z_3}\left[\frac{z_2\lambda_2°}{z_1\lambda_2° + z_2\lambda_1°} + \frac{z_3\lambda_3°}{z_1\lambda_3° + z_3\lambda_1°}\right] \qquad (22)$$

où les indices 1, 2 et 3 désignent respectivement les ions Ln(III), H^+ et NO_3^-, z la charge de l'ion et λ° la conductivité équivalente limite. A 25°C l'équation d'Onsager peut se simplifier comme suit :

$$D_i = D_i^\circ \left[1 - 0{,}7816 \left(1 - \sqrt{d_1}\right) z^2 \sqrt{I}\right] \tag{23}$$

où I représente la force ionique de l'électrolyte support.

L'application numérique de cette équation conduit à une fonction linéaire en $\sqrt{I}$:

$$D_i = D_i^\circ \left(1 - 0{,}5515\sqrt{I}\right) \tag{24}$$

Cependant, la variation des coefficients d'autodiffusion D_i des ions trivalents marqués de lanthanides en fonction de la concentration de l'électrolyte support est représentée dans la figure 3. Notons que l'allure générale est la même que ce soit en fonction de la molalité, la molarité ou le force ionique.

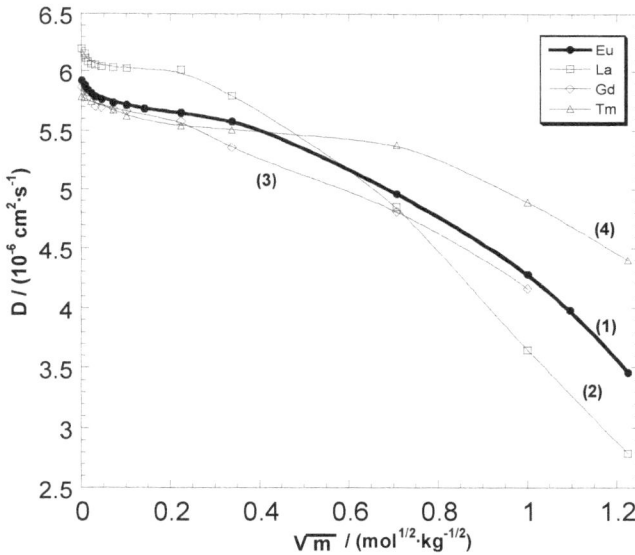

Figure 3 Variation des coefficients d'autodiffusion **D** / (10^{-6} cm^2·s^{-1}) dans les solutions moyennement et fortement concentrées des ions lanthanides trivalents en fonction de la racine carrée de la molalité **m** / (mol·kg^{-1}) à 25°C; **(1)** : ^{152}Eu (III) le présent travail [10] ; **(2)** : ^{140}La (III) réf. [104] ; **(3)** : ^{153}Gd (III) and **(4)** : ^{170}Tm (III) réf. [15].

La loi limite d'Onsager trouve son succès dans l'autodiffusion des traceurs de cations monovalents tel que ^{22}Na$^+$ dans des solutions d'électrolyte support symétrique 1:1 tel que NaCl. Cependant dans notre cas d'autodiffusion de Ln(III) dans des solutions d'électrolyte support asymétriques 3:1, la loi limite d'Onsager s'écarte de la linéarité rapidement et ceci à partir de 10^{-3} M environ. Pour montrer cet écart nous avons tracé dans un travail précédent [15] avec une échelle doublement logarithmique, la variation de l'autodiffusion spécifique $(1 - \frac{D}{D_0})$ en fonction de la concentration. Cependant la décroissance lente de D en fonction de la concentration et la faible courbure de la courbe ne montre pas très bien l'écart à l'idéalité. En collaboration avec des mathématiciens, nous avons proposé une autre technique plus efficace qui montre clairement et nettement à partir de quelle concentration se manifeste l'écart à la linéarité d'Onsager [28-30]. Cette méthode consiste tout simplement à la représentation (Fig. 4) de la variation du produit de l'autodiffusion spécifique par le logarithme de la concentration en fonction de la racine carrée de la concentration : $(\frac{D}{D_0} - 1) \ln c = f(\sqrt{c})$.

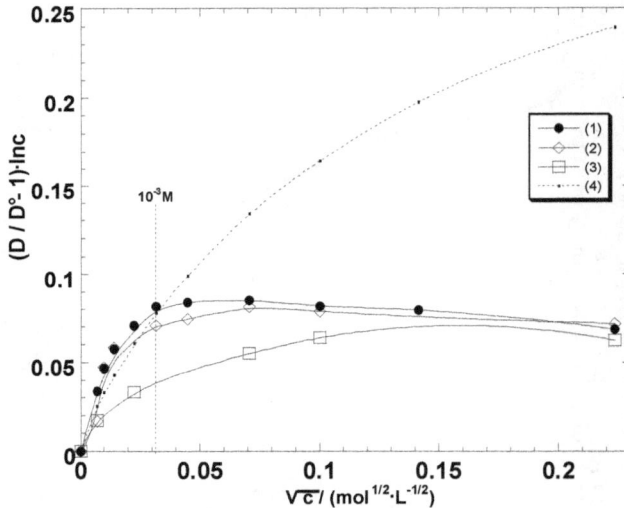

Figure 4 Variation de **(D/D° - 1)·lnc** en fonction de la racine carrée de l'électrolyte support ($\sqrt{c}$) dans les solutions diluées et déviation à la loi limite d'Onsager ; **(1)**: le présent travail (^{152}Eu (III) dans Gd(NO$_3$)$_3$-HNO$_3$) ; **(2)**: réf.[15] ^{153}Gd (III) ; **(3)**: réf.[15] ^{170}Tm (III) ; **(4)**: loi limite d'Onsager [30,107] (Eq. 20).

B.I.2.2. *Extension de la loi limite d'Onsager*

Plusieurs tentatives d'extension théorique de la loi limite d'Onsager sont exposées dans la littérature et rentrent dans le cadre de la physique théorique telle que la simulation de la dynamique Brownienne (SBM), la dynamique de Langevin (LD) et la simulation de la dynamique moléculaire (MD) [95-101].

Le profit de ces théories s'avère être très difficile et nous n'avons pas pu observer d'amélioration à la loi limite que dans le cas de l'autodiffusion ionique des ions monovalents dans les solutions aqueuses d'électrolyte support symétrique 1:1. Cependant, par analogie des tentatives d'extension aux coefficients d'activité de Debye-Hückel, nous avons introduit une simple modification de la loi limite d'Onsager sans changer tout fois son fondement théorique. En effet, dans les expressions des équations 20 et 21 nous avons substitué la permittivité électrique absolue ε_e de l'eau comme étant le solvant par la permittivité électrique absolue ε du milieu (solution aqueuse d'électrolyte support de sel de lanthanides) et ceci d'après certaines données de la littérature [102-103] :

$$\varepsilon \simeq \varepsilon_e \, (1 - 0,5\sqrt{I}) \qquad (25)$$

Ainsi, la relation d'Onsager n'ayant plus implicitement le comportement linéaire offre un bon accord avec nos données expérimentales jusqu'au domaine moyennement concentré (0,1 M) en gardant une même concavité qui s'écarte par rapport aux points expérimentaux dans le domaine concentré.

B.I.2.3. *Cas des solutions concentrées*

En l'absence de modèles théoriques qui représentent la variation des coefficients d'autodiffusion en fonction de la concentration des solutions concentrées surtout pour les ions trivalents et dans les solutions aqueuses d'électrolytes asymétriques, nous avons proposé une équation semi-empirique [10] qui a pu satisfaire nos données expérimentales jusqu'au 1,5 M.

En effet, ayant remarqué que l'expression de l'autodiffusion spécifique déduite de l'équation 23 ($\frac{D}{D_0} - 1 = - A_{Onsager}.\sqrt{I}$) est analogue à la première expression de Debye-Hückel [26-27] pour le coefficient d'activité ($\ln \gamma = - A_{DH}.\sqrt{I}$) et que les expressions suivantes prennent des formes telles que ($\ln \gamma = \frac{A_{DH}\sqrt{I}}{1 + a_0 B_{DH}\sqrt{I}}$) et ($\ln \gamma = ADHI1+ a0BDHI+ D.I$) qui tiennent compte de la taille de l'ion, nous avons proposé par étape deux équations (Eqs. 26 et 27) que nous avons testé progressivement au fur et à mesure pour tirer des conclusions à la fin.

$$D = D(x = 0).\,[1 - \frac{A\sqrt{x}}{1 + b\sqrt{x}}] \qquad (26)$$

$$D = D(x = 0).\,[1 - \frac{A\sqrt{x}}{1 + b\sqrt{x}} - B.x] \qquad (27)$$

où A, b et B sont trois paramètres ajustables et la variable x désigne soit la molarité (C) de l'électrolyte support de sel de terres rares, soit la molalité (m) de celui-ci et soit la force ionique (I) qui tient compte aussi de la présence des ions de l'acide permettant la fixation du pH à 2,5.

Dans un travail récent [10], nous avons discuté la signification physique des paramètres A, b et B puis nous avons testé les deux équations proposées (Eqs. 26 et 27) dans les domaines dilués et concentrés pour l'autodiffusion des traceurs [152]Eu(III), [153]Gd(III), [157]Tb(III) et [170]Tm(III) dans les solutions aqueuses à pH 2,5 ainsi que celui du [140]La(III) de la littérature en solution aqueuse de $LaCl_3$.

Nous avons conclu que les données expérimentales jusqu'aux domaines moyennement concentrés (0,114 M) présente un palier qui s'écarte nettement des valeurs du domaine concentré (Fig. 5-courbe 1). Par contre, la deuxième Eq. 27 (à 3 paramètres ajustés A, b et B) est en accord avec les données expérimentales partout et présente un changement de concavité qui permet de suivre les points expérimentaux dans le domaine concentré (Fig. 5- courbe 3).

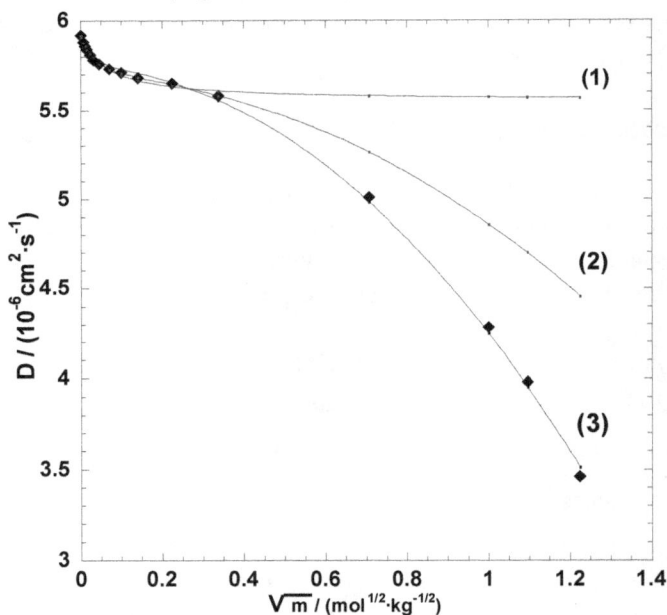

Figure 5 Comparaison des valeurs expérimentales and calculées des coefficients d'autodiffusion **D** / (10^{-6} $cm^2 \cdot s^{-1}$) des ions [152]Eu (III) à 25°C en fonction de la racine carrée de molalité **m** / ($mol \cdot kg^{-1}$) dans le domaine des solutions concentrées (0-1,5 M) ; (♦) : points expérimentaux, **(1)** : calculées à partir de l'Eq. 26 in du domaine dilué (0-0,114 M) ; **(2)** : calculées à partir de l'Eq. 27 in du domaine dilué (0-0,114 M) ; **(3)** : calculées à partir de l'Eq. 26 in du domaine concentré (0-1,5 M).

Ajoutons que nous avons injecté seulement les données du domaine non concentré (C < 0,114 M) dans l'équation 27 qui nous a fourni une prédiction de l'allure présentant un changement de concavité dans le domaine concentré (Fig. 5- courbe 2). De même, cette équation a bien cadré le coefficient d'autodiffusion du ^{140}Ln(III) dans les solutions de chlorure de lanthane dans tout le domaine de concentration [104] mais en donnant des valeurs des paramètres A, b et B difficilement interprétables vue l'existence probable des phénomènes d'hydrolyse, de formation de paires d'ions et de complexation que nous avons pu évité dans nos systèmes par le travail à pH 2,50, valeur optimisée par Latrous et Oliver [16,18-19,22,24]. Nous concluons aussi que cette équation (Eq. 27) donne des valeurs des paramètres ajustables avec une meilleure précision lorsque nous utilisons comme variable (x), la molalité de la solution (m).

B.I.2.4. _Amélioration des valeurs limites des coefficients d'autodiffusion ionique des ions trivalents de terres rares_

La technique du capillaire donne des valeurs des coefficients d'autodiffusion à une précision de l'ordre de 1,5% même dans les bonnes conditions de l'expérience telles que l'utilisation de l'eau tri ou tétra-distillée, la stabilisation de la température à 10^{-2}K ou moins, et les masses pesées à 10^{-5} g près etc.

Dans une deuxième opération d'ajustement nous avons supposé que la valeur D(0) dans l'équation 27 soit un quatrième paramètre libre ajustable, ce qui nous a permis de profiter des qualités de cette équation et de donner des valeurs du coefficient d'autodiffusion ionique limite D° de nos terres rares avec plus de précision. Le tableau 1 montre une comparaison de ces valeurs.

Tableau 1 Coefficients d'autodiffusion limite **D** / (10^{-6} cm$^2 \cdot$s^{-1}) obtenue à partir de : la molalité (**m** / mol$\cdot$kg^{-1}) et la force ionique (**I** / mol$\cdot$L^{-1}) comme variable les incertitudes absolues (Δ**D**) et relatives **acc(%)** ; **(a)** : le présent travail [10] ; **(b)** : travail précédent [15]. **(c)** : données de Weingärtner [104].

x	Ln (III)	D(x=0)	ΔD	acc(%)
m	Eu[a]	5,924	0,004	0,0684
	Gd[b]	5,893	0,027	0,458
	Tm[b]	5,786	0,007	0,121
	La[c]	**6,199**	0,067	1,081
I	Eu[a]	**6,115**	0,022	0,357
	Gd[b]	**6,059**	0,045	0,743
	Tm[b]	**5,957**	0,011	0,185

B.I.3. Similarité de structure des ions trivalents 4f-5f
B.I.3.1. *Autodiffusion à pH 2,5*

L'étude de la variation des coefficients d'autodiffusion ionique des traceurs radioactifs des ions actinides trivalents An (III) réalisés aux Etats Unis par Latrous et Coll. [16,18-19,22,24] et à Paris VI par David et Coll. [33-36,39-41] dans des conditions similaires (à pH 2,5), montre une forte ressemblance de comportement (Fig. 6). Nous pouvons interpréter cette constatation par le fait que les ions trivalents de lanthanides Ln(III) et d'actinides An(III) ont des structures très similaires du fait de la forte charge, de la petite taille et des configurations électroniques correspondant aux orbitales nf.

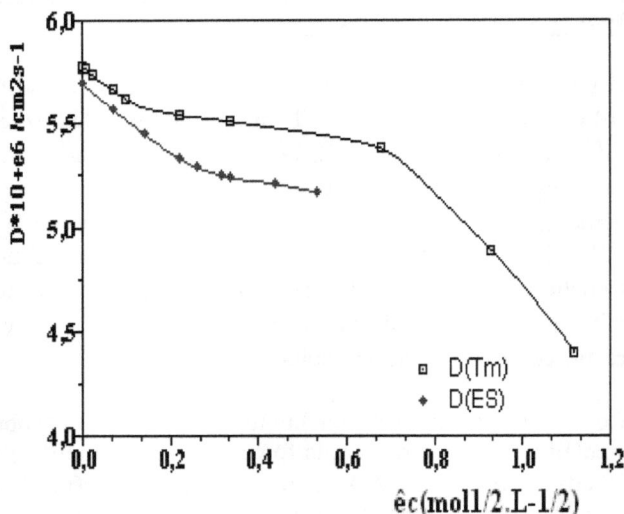

Figure 6 : Variation des coefficients d'autodiffusion ionique D (10^{-6} cm^2.s^{-1}) des cations ^{170}Tm^{3+} (notre travail) [15] et ^{254}Es^{3+} [21] à pH 2,5 en fonction de la racine carrée de la molarité $\sqrt{c}$ (mol$^{1/2}$.L$^{-1/2}$) en électrolyte support Gd(ClO$_4$)$_3$ à 25°C.

B.I.3.2. *Produit de Walden et corrélation autodiffusion-viscosité*

Ajoutons aussi que les ions trivalents Ln(III) et An(III) ont une forte similarité de structure de solvatation ou d'hydratation. En effet, la variation du produit de Walden

(D.η) en fonction de la concentration de l'électrolyte support (Fig. 7) montre des allures très hypothétiques. Notons que ces allures sont facilement prédictibles lorsque nous appliquons les deux expressions des équations proposées (Eqs. 12 et 27).

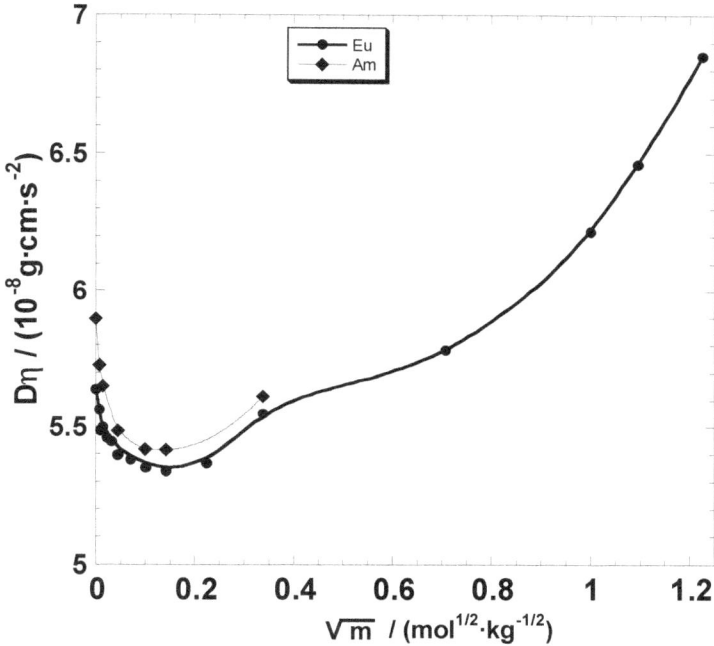

Figure 7 Produit de Walden **D**η / (10^{-8} g·cm.s^{-2}) en fonction de la racine carrée de la molalité **m** ; η : viscosité de l'électrolyte support ; **D** : coefficients d'autodiffusion des traceurs : ($\bullet$) : des ions ^{152}Eu (III) en solutions aqueuses d'électrolyte support de Gd(NO$_3$)$_3$-HNO$_3$ à 25°C ; ($\blacklozenge$) : des ions ^{241}Am (III) en solutions aqueuses d'électrolyte support de Nd(ClO$_4$)$_3$-HClO$_4$ à 25°C [16-18,21].

De même, l'étude de la corrélation autodiffusion-viscosité (Fig. 8) permet de délimiter les domaines de prépondérance des interactions ion-ion et ion-solvant et ceci au voisinage de 5 10^{-2} M.

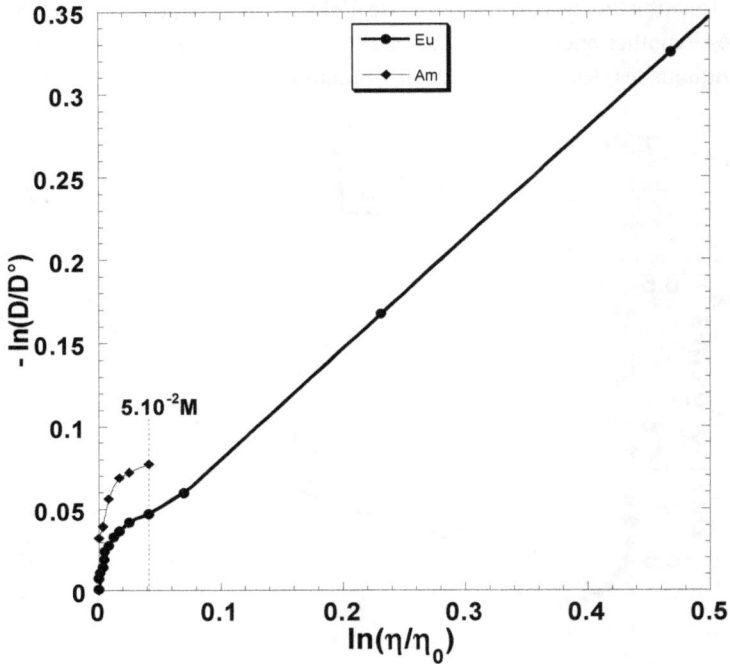

Figure 8 Représentation en double-logarithm des coefficients relatifs d'autodiffusion D/D^0 en fonction de la viscosité η/η_0 des traceurs : ($\bullet$) : des ions [152]Eu (III) en solutions aqueuses d'électrolyte support de $Gd(NO_3)_3$-HNO_3 à 25°C ; ($\blacklozenge$) : des ions [241]Am (III) en solutions aqueuses d'électrolyte support de $Nd(ClO_4)_3$-$HClO_4$ à 25°C [16-18,21].

B.I.3.3. _Rayons d'hydratation_

Le produit de Walden (D.η) permet, grâce à la relation de Stokes (Eq. 28), de déterminer les rayons d'hydratation individuelle (r_{st}) du traceur diffusant dans la solution.

$$D.\eta = \frac{k_B T}{6\pi r_{St}}$$ (28)

Ce qui nous permet d'estimer le nombre d'hydratation total moyennant les approximations suivantes.

Nous commençons par déterminer les rayons d'hydratation (r) à partir des corrections effectuées par Fourest et coll. [33-36] aux rayons de Stokes r_{st}. Ensuite nous supposons que le cation, de forme sphérique et de rayon cristallographique (r_c) soit entouré de molécules d'eau dans une atmosphère sphérique de rayon moyen, le rayon d'hydratation (r).

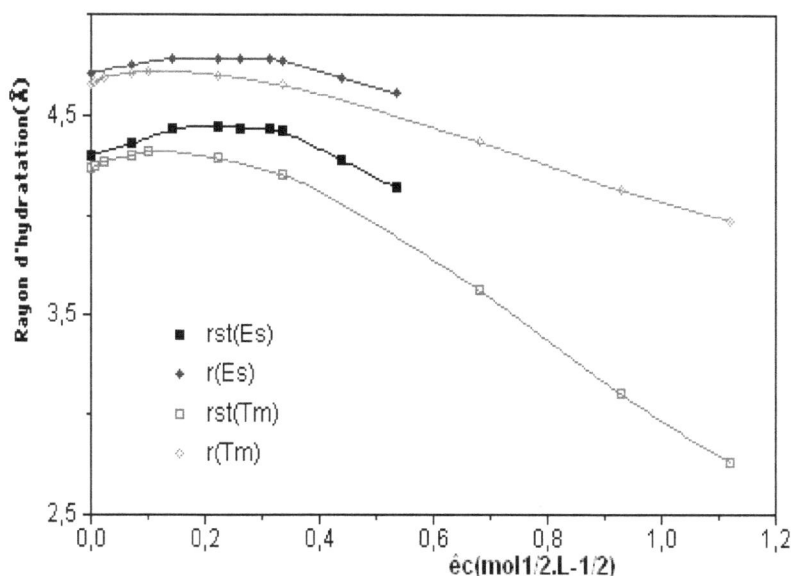

Figure 9 : Rayons de Stockes r_{st} (Å) et rayons effectifs r (Å) en fonction de la racine carrée de la molarité $\sqrt{c}$ (mol$^{1/2}$.L$^{-1/2}$) en électrolyte support Gd(ClO$_4$)$_3$ à 25°C et à pH 2,5.

En confondant le volume d'une molécule d'eau (V$_e$) à celui de son volume à l'état pur nous pouvons estimer le nombre d'hydratation h grâce à l'équation suivante :

$$h = \frac{4\pi}{3V_e}(r^3 - r_c^3) \tag{29}$$

Les valeurs de h varient en « S » entre 12 et 13 le long de la série 4f et 5f et ceci en fonction de certains paramètres de structure.

Cette constatation est en accord avec celle observée dans la littérature [33-36,39-41].

Ce nombre permet en thermodynamique de calculer l'enthalpie d'hydratation et de déterminer le nombre de molécules d'eau dans la deuxième sphère d'hydratation qui est intéressant pour l'estimation du temps de relaxation dans la théorie de la friction diélectrique et de la viscosité locale ou microscopique.

B.I.3.4. *Conductivités équivalentes limites des ions trivalents de lanthanides et prédiction pour celles des actinides*

Grâce à la relation de Nernst-Einstein :

$$D_i^0 = \frac{k_B T \lambda_i^0}{z_i N_A e^2} \qquad (30)$$

Nous pouvons ainsi déterminer une autre grandeur de transport, la conductivité équivalente limite λ_i^0 de l'ion traceur (i) de charge (z_i) diffusant dans la solution aqueuse à dilution infinie. Cette relation devient à 25 °C :

$$D_i^0 = 2.661\ 10^{-7} \frac{\lambda_i^0}{|z_i|} \qquad (31)$$

A partir des valeurs fignolées des coefficients d'autodiffusion ionique limite D° des cations trivalents de lanthanides Ln(III) et d'actinides An(III) nous avons déterminé des valeurs prédictives (surtout pour les éléments 5f) de la conductivité équivalente limite λ_i^0 qui sont intéressantes pour les études de structure, de thermodynamique et d'électrochimie.

Nous remarquons aussi que la représentation de λ_i^0 en fonction des rayons cristallographiques marque aussi une variation en « S » le long des séries 4f et 5f.

Autodiffusion des ions ^{152}Eu (III) dans les systèmes eau-dioxanne + Eu(ClO$_4$)$_3$-2.10^{-4} M à 298,15 K

B.II.1. Autodiffusion

B.II.1.1. *Introduction*

La mesure des coefficients d'autodiffusion des ions lanthanides ^{152}Eu(III) [44] en solution d'électrolytes asymétriques (3:1) de Eu(NO$_3$)$_3$ dans les mélanges hydro-organiques eau-dioxanne (à basse constante diélectrique) [47] met en évidence la formation progressive d'association de paires d'ions.

L'étude des différentes grandeurs physico-chimiques dans tout le domaine de composition dégage trois régions à comportements distincts.

La détection de la formation de paires d'ions dans les solutions d'électrolytes asymétriques est plus difficile que celle des électrolytes symétriques [23] même par les méthodes conductimétriques. En effet, les paires d'ions dans le cas des électrolytes asymétriques possèdent des charges, et par conséquent elles prennent part dans le transport des charges électriques. Ainsi, la diminution de la conductivité causée par cette paire chargée est plus faible que celle due à la paire neutre dans le cas des électrolytes symétriques. D'autre part, la justesse des hypothèses simplificatrices introduites dans la théorie de Debye-Hückel-Onsager est plus douteuse, dans le cas des ions polyvalents que dans celui des ions monovalents, même pour les faibles concentrations [92].

Dans le présent travail, nous avons essayé d'appliquer l'étude du coefficient d'autodiffusion du ^{152}Eu^{3+} à l'étude du phénomène d'association ionique dans les mélanges eau-dioxanne. Parmi les raisons qui nous incitent à faire ce choix, nous citons les arguments suivants :

- Ce mélange permet d'avoir une large variation de la constante diélectrique (2,25 à 78,5) et d'atteindre ainsi les milieux plus associants de faible valeur ε.

- L'électrolyte asymétrique à cation de valence élevée est rarement étudié.

- Les mélanges riches en dioxanne n'ont pas été traités que ce soit par diffusion ou par conductimétrie. Cependant, en liaison avec ce qui précède, on ne doit pas considérer seulement la variation de ε lorsqu'on ajoute le dioxanne à l'eau, mais aussi la modification appréciable de la structure du liquide. Néanmoins, les effets de la variation de ε dans les mélanges eau-dioxanne sont plus importants. De plus, la structure de l'eau est maintenue jusqu'à 30 % en dioxanne [92].

B.II.1.2. *Coefficient d'autodiffusion de $^{152}Eu(III)$ en fonction de la composition du mélange eau-dioxanne*

Le coefficient d'autodiffusion D relatif aux différentes entités liées à Eu(III) est déterminé en fonction de la fraction molaire x en dioxanne dans les mélanges "eau-dioxanne + Eu(ClO$_4$)$_3$·2.10^{-4} M" et représenté dans la figure 1.

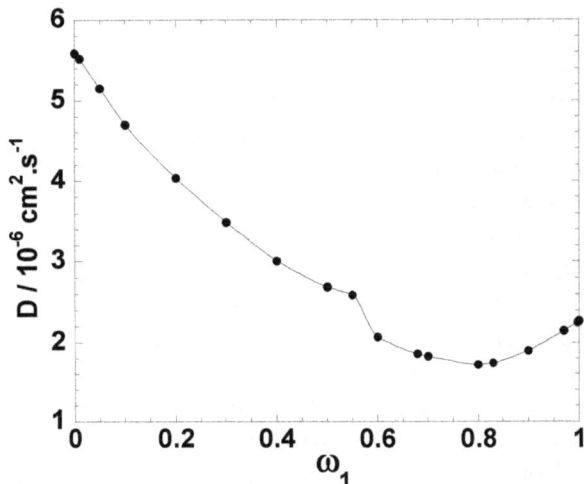

Figure-1: Variation du coefficient d'autodiffusion D du ^{152}Eu(III), dans un mélange eau-dioxanne+ Eu(ClO$_4$)$_3$-2.10^{-4} M à 25 °C et à pression atmosphérique en fonction de la fraction massique ω_1 en dioxanne.

La décroissance de D lorsque nous ajoutons progressivement du dioxanne à l'eau prouve l'apparition du phénomène d'association et de complexation. L'examen de la courbe de D en fonction de x met en évidence l'existence de deux branches ou parties:

Branche-1 : x < 0,2, cette branche montre que D décroît quasi-linéairement, et d'une manière rapide, lorsque x augmente.

Branche-2 : x > 0,2, elle correspond à la région riche en dioxanne (i.e. la fraction massique en dioxanne ω > 0,55) pour laquelle D prend des valeurs faibles et varie très lentement.

B.II.1.3. *Effet de la constante diélectrique*

Etant donné que la constante diélectrique ε diminue d'une façon strictement monotone avec la fraction molaire x, nous n'avons pas observé de changement d'allure lors de la représentation de D en fonction de ε. Cependant, la représentation graphique de D en fonction de l'inverse de la constante diélectrique $1/\varepsilon$ (Fig. 2) distingue bien les deux régions déjà signalées. En fait, nous observons une décroissance rapide et quasi-linéaire dans la branche 1, un pseudo-palier à faible valeur dans la région 2, et entre les deux branches, un changement de structure.

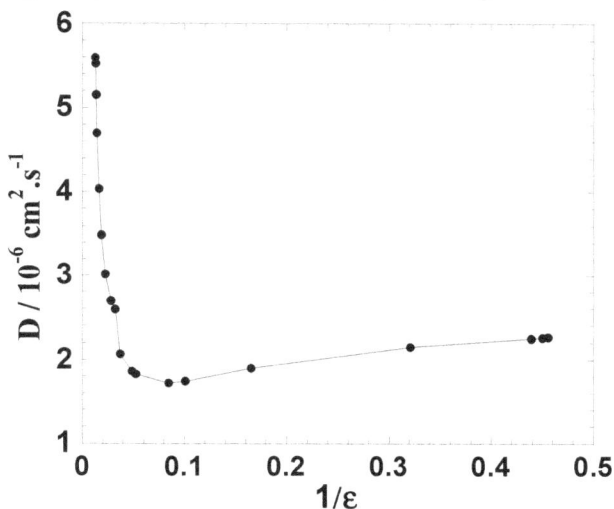

Figure-2 : Coefficient d'autodiffusion D du [152]Eu(III) dans un mélange eau-dioxanne + $Eu(ClO_4)_3$-2.10^{-4} M à 25 °C et à pression atmosphérique en fonction de l'inverse de la constante diélectrique $1/\varepsilon$.

La chute de la valeur de D de (5,5 à 1,5) 10^{-6} cm^2.s^{-1} montre bien l'existence du phénomène d'association et la formation de paires d'ions.

B.II.2. Corrélation autodiffusion-viscosité

B.II.2.1. *Produit de Walden*

Rappelons que le produit de Walden D.η traduit un état structural donné de solvatation.
La variation de D.η en fonction de la fraction molaire x en dioxanne (Fig. 3) met en évidence deux domaines de comportement que nous pourrons projeter sur les deux branches délimitées précédemment.

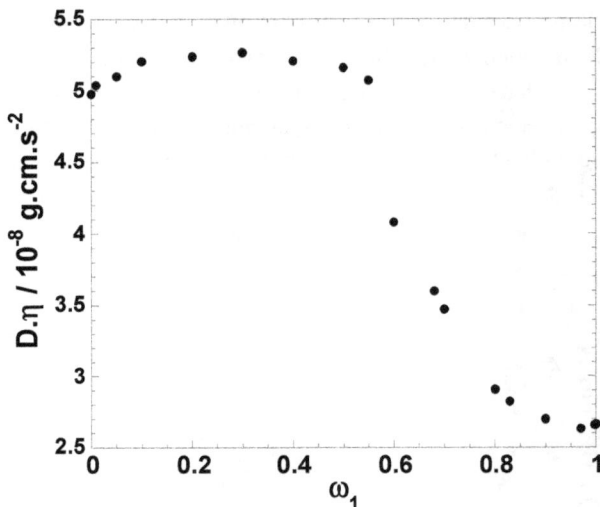

Figure-3: Produit de Walden Dη dans un mélange eau-dioxanne + Eu(ClO$_4$)$_3$-2.10^{-4} M à 25 °C et à pression atmosphérique en fonction de la fraction massique ω_1 en dioxanne.

Branche-1 : x < 0,2, (ce qui correspond à une fraction molaire inférieure à 1/5) le produit D.η commence par la valeur 4,92.10^{-8} g.cm.s^{-2} en fluctuant légèrement, montrant ainsi une solvatation préférentielle par l'eau. On remarque que cette quasi-constance est constatée par similarité pour le produit de Walden $\lambda°.\eta$ relatif à la conductivité pour le cas du ferricyanure de lanthane LaFe(CN)$_6$ dans plusieurs mélanges hydro-organiques à constante diélectrique ε < 53 [92], ce qui correspond à ω = 0,30 pour le mélange eau-dioxanne.

Branche-2 : (x > 0,2), le produit D.η diminue plus rapidement avec changement de convexité de la courbe, ce qui traduit un effet de solvatation compétitive entre l'eau et le dioxanne. Ensuite pour (x > 0,5), le produit D.η varie faiblement montrant ainsi une solvatation préférentielle par le dioxanne.

B.II.2.2. *Rayons de solvatation*

En première approximation, nous avons supposé la validité de la loi de Stokes (Chap. B.I. Eq. 27) dans le milieu étudié et nous avons adopté la correction de Nightingale [105] aux rayons de Stokes r$_{st}$ afin d'avoir des valeurs plus significatives des rayons effectifs r de l'entité diffusante, et d'interpréter ainsi plus correctement le phénomène de solvatation en terme de longueur de corrélation entre les molécules d'eau et de dioxanne.

En effet, rigoureusement l'équation 28 du chap. BI n'est pas tellement valable car la taille des molécules du solvant n'est pas négligeable devant celle de l'ion pour considérer le solvant comme un milieu continu. Afin de montrer l'influence de la structure du solvant, certains auteurs [106-108] ont comparé les rayons calculés à partir de données structurales avec ceux obtenus à partir de la loi de Stokes. La différence est attribuée à :

- La nature discontinue de l'eau

- La différence entre la viscosité macroscopique η_0 et la viscosité microscopique locale η.

- Le changement de la structure de l'eau en fonction du champ électrique de l'ion.

Nous sommes alors amené à corriger les rayons de Stokes par les rapports (r_{st}/r) qui sont déterminés à partir de la courbe d'étalonnage $(r_{st}/r) = f(r_{st})$ obtenue à partir des données relatives aux ions tétraalkyles d'ammonium couramment appelée la correction de Nightingale [92].

La variation de r en fonction de x est représentée dans la figure 4. Elle représente deux domaines de variation:

Branche-1 : x < 0,2, le rayon effectif reste pratiquement constant en prenant une valeur moyenne faible de 4,70 Å et traduisant ainsi une forte corrélation entre les molécules d'eau et de dioxanne.

Branche-2 : x > 0,2, le rayon effectif croit quasi-linéairement, expliquant ainsi une désolvatation progressive par l'eau et montrant la diminution de la longueur de corrélation entre les molécules d'eau et celles de dioxanne.

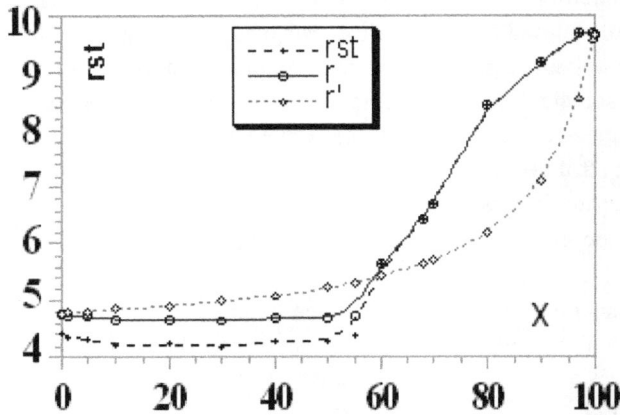

Figure-4 : Rayons hydrodynamiques, (en Å), des entités diffusantes : (1) rayon de Stokes ; r_{st} (2) rayon corrigé (r) et (3) rayon effectif de Hertz (r') en fonction du pourcentage massique X en dioxanne.

En une deuxième approximation (modèle en 1/r), nous pouvons interpréter globalement le phénomène comme étant une compétition entre deux structures de solvatation [109] et ceci en adoptant comme rayon effectif r', calculé par la formule suivante:

$$1 / r' = x / r_d + (1 - x) / r_e \qquad (1)$$

avec r_e et r_d respectivement les rayons effectifs limites pour l'eau et le dioxanne purs avec : ($r_e = 4,78$ Å, $r_d = 9,69$ Å) et x la fraction molaire du dioxanne.

Dans la figure 4 nous constatons que r' = f(X) possède globalement la même allure que celle de r = f(X) mais, cependant présente un écart négatif pour X < 62 % (x < 0,25) et un écart positif pour X > 62 % (x > 0,25). Cet écart algébrique pourrait être interprété [109] en adoptant un modèle réel où la fraction molaire x est remplacée par une probabilité P de l'état structural limité, nous pourrons ainsi écrire :

$$1 / r = P_d / r_d + P_e / r_e \qquad (2)$$

Remarquons globalement que les courbes représentant D, η, D.η et r, en fonction de x en dioxanne, ont des allures approximativement analogues à celles obtenues pour l'autodiffusion des ions $^{137}Cs^+$ dans les mélanges eau-acide isobutyrique [110], loin de la température critique.

B.II.2.3. *Nombres de solvatation*

En adoptant la même équation qui permet le calcul du nombre total d'hydratation dynamique h (Chap. B.I. Eq. 28), nous pouvons l'appliquer pour le calcul du nombre total de solvatation s, qui se confondra avec le nombre d'hydratation h lorsque X = 0 :

$$s = \frac{4\pi}{3V_s}(r^3 - r_c^3) \qquad (3)$$

où r_c représente le rayon cristallographique du gadolinium (r_c = 1,053 Å), et V_s : le volume moyen d'une molécule de solvant, calculé à partir du volume molaire moyen V_{mol} :

$$V_s = V_{mol}/N_A = [x.M_d/\rho_d + (1-x).M_e/\rho_e]/N_A \qquad (4)$$

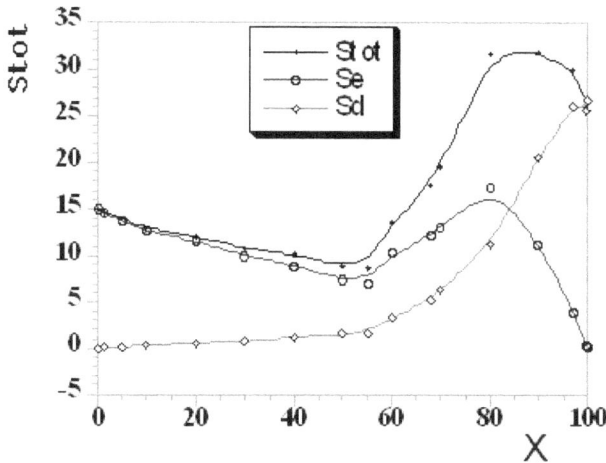

Figure-5 : Nombre total de solvatation s_{tot} (♦ : courbe-1), s_d relatif au dioxanne (◊ : courbe-2) et s_e relatif à l'eau (○ : courbe-3) en fonction du pourcentage massique X en dioxanne.

Nous avons supposé aussi en première approximation, que la composition du mélange dans l'atmosphère ionique entourant l'ion Eu^{3+}, est presque la même que la composition macroscopique. La figure-5 (courbe-1) distingue bien les domaines déjà délimités.

La solvatation préférentielle par le dioxanne (courbe-2), croit en exponentielle lorsque X augmente et se termine par un nombre de solvatation élevé. Le nombre de molécules d'eau s_e (courbe-3) diminue quasi-linéairement dans la branche 1, l'augmentation de s_e montre que la solvatation globale est essentiellement due à une solvatation par l'eau.

B.II.2.4. *Relaxation et friction diélectrique*

L'effet de relaxation diélectrique a été déjà signalé par Fuoss en 1955 et calculé par Boyd et Zwanzig [31-31,111]. Ce phénomène traduit le fait que les molécules dipolaires du solvant ne s'orientent pas instantanément au cours du mouvement de l'ion et ceci du fait de la viscosité du milieu.

Cet effet retard "ou relaxation diélectrique" crée une dissymétrie dans la disposition locale des molécules de solvant autour de l'ion qui engendre une force de friction F'_i évaluée à :

$$F'_i = 4/9 \ (\tau e^2/\varepsilon_s \ r^3) \ V_i \tag{5}$$

où τ est le temps de relaxation, V_i : vitesse de l'ion "i"

Ceci peut être aussi interprété globalement (Fig. 6) par un rayon $r' = r + (C/r^3)$

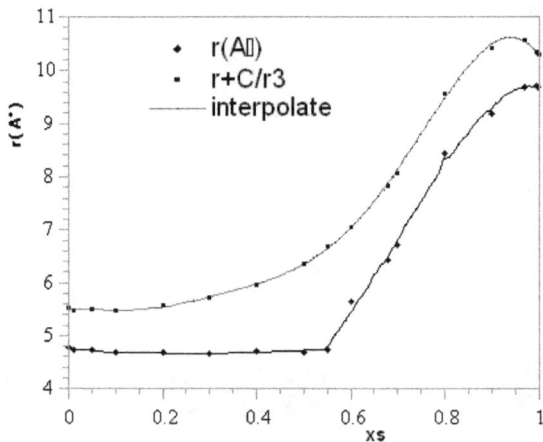

Figure 6 Variation du rayon r' en fonction de la fraction massique ω_s en dioxanne.

Le facteur C est tel que :

$$C = 2/3.(\tau/6\pi\eta_0).(z^2e^2/\varepsilon_s).((\varepsilon_s - \varepsilon)/\varepsilon_s) \tag{6}$$

et d'après la relation de Walden, de Stokes et de Nernst-Einstein (Eqs. 26, 29 et 30 du Chap. B.I), nous pouvons écrire :

$$\lambda_i^0 = 10^7 zF^2/[N_A. 6\pi\eta(r + C/r^3)] \tag{7}$$

où : η est la viscosité locale ou microscopique, η_0 : viscosité macroscopique (mesurable).

r : le rayon de l'ion ou de l'entité chimique diffusante stable, ε_s : la constante diélectrique déterminée à basse fréquence, ε : la constante diélectrique obtenue à haute fréquence ($\varepsilon \approx n^2$) et τ : le temps de relaxation diélectrique (en seconde). Notons que $C = 10^4$ Å^4 pour l'eau et à 25°C.

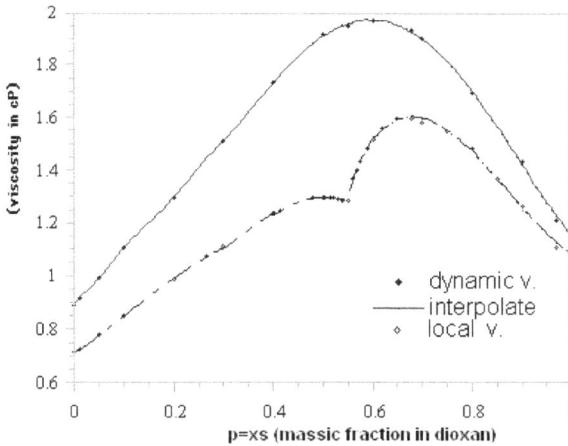

Figure 7 Variation de la viscosité dynamique η_0 (macroscopique) et la viscosité locale η (microscopique) en fonction de la fraction massique ω_s en dioxanne.

Enfin Zwanzig a signalé que la viscosité locale η est généralement inférieure à viscosité dynamique η_0 du fait de la structure brisée du solvant autour de l'ion.

Dans ce qui suit nous allons essayer de déterminer les coefficients de friction en utilisant la relation précédente et à partir des coefficients d'autodiffusion D et les concentrations de l'eau "C_e" et du dioxanne "C_d" pour chaque mélange.

En posant $\xi' = \xi \times 10^{-5}/kT$ la relation précédente devient :

$$1/D_1 = C_e.\xi'_{1e} + C_s.\xi'_{1d} \tag{8}$$

avec : $D_1 = 10^5 D$.

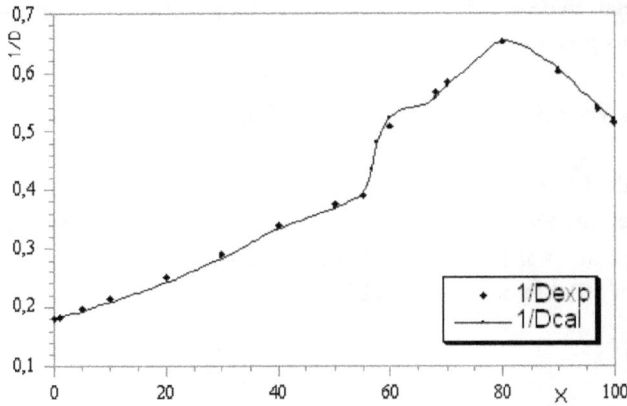

Figure 8 Variation de l'inverse du coefficient d'autodiffusion ionique des ions [152]Eu (III) en fonction du pourcentage massique X en dioxanne.

La détermination des deux coefficients de friction ξ'_{1e} et ξ'_{1d} à partir de la seule équation (8) paraît impossible. Pour cela, nous avons essayé de trouver un modèle "structural" de l'ion Eu^{3+} entouré des molécules d'eau et de dioxanne. Ce modèle nous permettra d'établir une hypothèse que nous vérifierons par la suite, et de calculer ξ'_{1e} et ξ'_{1d} avec une bonne précision.

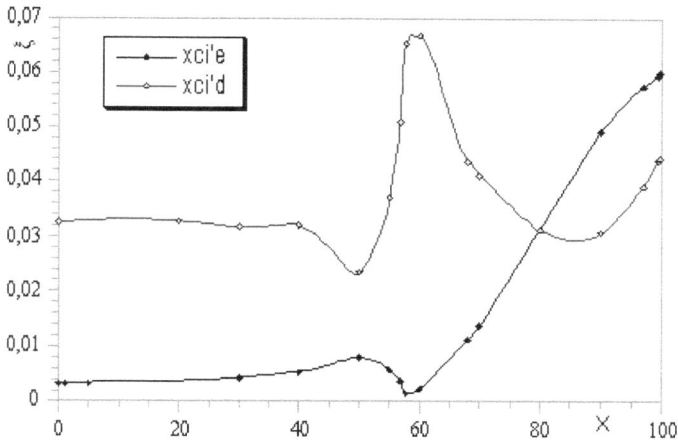

Figure 9 Variation des coefficients de friction ξ'_{1e} et ξ'_{1d} en fonction du pourcentage massique X en dioxanne.

B.II.2.5. *Solvatation préférentielle*

Dans ce paragraphe nous allons interpréter le nombre d'excès de solvatation d'un ion "i" en mouvement n_{id}, en termes de coefficients de friction ξ_{id} et ξ_{ie} relatifs au mélange hydro-organique étudié.

A dilution infinie $n_{iS} \approx n_{1S}^0$ et pour i = 1 nous avons :

$$n_{1S}^0 = C_e(M_d.\xi_{1e}^0 - M_e.\xi_{1d}^0) / ((C_d M_d + C_e M_e).\xi_{de}^0) \qquad (9)$$

En conclusion, la connaissance de ξ_{1e}^0, ξ_{1d}^0 et ξ_{de}^0 permet de déterminer la valeur algébrique de n_{1S}^0 et d'avoir aussi une idée sur la solvatation préférentielle de non équilibre du cation "1".

Si nous avons une autodiffusion d'une seule espèce "1" à grande dilution, nous pouvons écrire la première loi de Fick, ainsi nous aurons :

$$kT/D^0 = C_d.\xi_{1d}^0 + C_e.\xi_{1e}^0 \qquad (10)$$

Les coefficients ξ_i^0 peuvent donc être déterminés à partir de l'étude de la variation du coefficient d'autodiffusion à grande dilution de l'ion "1" avec la composition du solvant. Ces coefficients vont par la suite nous servir pour la détermination du nombre n_{1S}^{0}. Ce qui nous a permis de calculer l'excès de solvatation par l'eau d'un ion "i" dans un solvant mixte (e-d) n_{1S}^{0} et d'avoir une idée sur la solvatation préférentielle de non équilibre du cation "1".

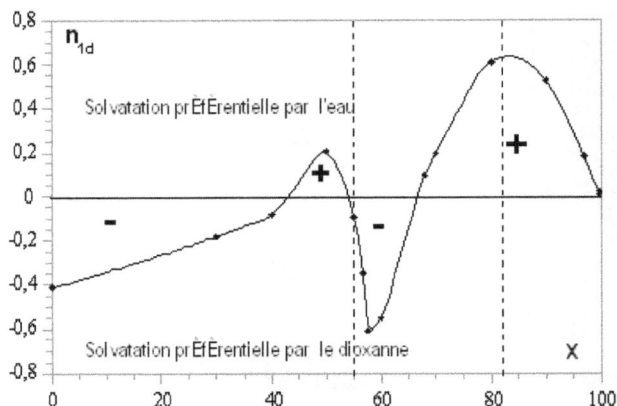

Figure 10 Variation de l'excès de solvatation en fonction du pourcentage massique X en dioxanne.

Rappelons que :
* Si $n_i > 0$ nous avons une solvatation préférentielle du cation "i" par l'eau. Dans le cas contraire $n_i < 0$ nous avons une solvatation préférentielle de "i" par le dioxanne.
* Si l'ion n'est pas préférentiellement solvaté par un solvant, la composition moyenne au sein de la solution est égale à celle au voisinage de l'ion :
$N_{ie}/N_{id} = C_e/C_d$ d'où $n_i = 0$.

B.II.3. Etude de l'association

B.II.3.1. *Modèle de Bjerrum*

L'application de la théorie de l'association à cet électrolyte asymétrique (3:1) à cation polyvalent permet de délimiter la portée de la théorie de Bjerrum et Fuoss.
En général, les études des phénomènes d'association ionique ont été réalisées en utilisant les méthodes conductimétriques pour les électrolytes symétriques et surtout pour les électrolytes 1:1 [112-114].
La mise en évidence de l'association ionique par l'étude des coefficients d'autodiffusion ionique est beaucoup plus rare [115-117], surtout dans les solutions d'électrolytes asymétriques.

L'application de la théorie de l'association à cet électrolyte asymétrique (3:1) à cation polyvalent permet de délimiter la portée de la théorie de Bjerrum et Fuoss.

La théorie électrostatique de l'association ionique introduite par Bjerrum est, en général, en accord qualitatif avec les expériences, essentiellement dans le cas des électrolytes 1:1 [118]. Cependant, elle inclut des conclusions douteuses, et peut être acceptée seulement comme une première approximation [33]. En effet, dans cette théorie [119], les ions sont considérés comme des sphères rigides qui peuvent s'approcher les unes des autres à une distance minimale *a*. Le calcul de la diminution des forces coulombiennes est basé sur la constante diélectrique macroscopique.

Cependant, nous remarquons que le modèle de Bjerrum [92,118-119] (Eq. 16) nécessite un ajustement de la valeur de *a* pour chaque composition du mélange, autrement dit, pour chaque valeur de la constante diélectrique :

$$\alpha_A = 4\pi \, N_A \, .C \, /1000. \, (2q)^3 \, Q(b) \qquad (11)$$

avec $q = |z_1 z_2| \, e^2 / 2\varepsilon k_B T$ et $Q(b) = \int_2^b x^{-4} e^x \, dx$

En effet, l'ajustement d'une valeur de a donne des valeurs très faibles qui ne reflètent pas le phénomène étudié. De même, une amélioration de cette valeur pour une composition donnée de mélange nécessite un ajustement de a de l'ordre de 1 Å, ce qui ne peut être une distance minimale d'approche pour des ions lanthanides solvatés.

Le modèle de Bjerrum s'améliore un peu lorsqu'on prend comme valeur de a, le rayon effectif r pour chaque composition x; cependant, les valeurs de α_A et $\log K_A$ divergent rapidement et pourraient donner même des valeurs aberrantes ($\alpha_A > 1$). Un bon ajustement peut se faire en corrigeant à tout moment le paramètre a de la manière suivante :

$$a = r \, . \, \delta \qquad (12)$$

où δ représente un décrément qui augmente dans la région-2.

B.II.3.2. *Modèle de Fuoss*

En se situant dans la région très riche en eau (début d'association), et en utilisant la théorie de Fuoss [92,118,120], on pourrait estimer une valeur de la constante d'association K_A :

$$K_A = 4\pi N_A \, a^3 \, e^b \, / \, 3000 \qquad (13)$$

avec le nombre d'Avogadro N_A = 6,0238 10^{23} mol^{-1}. Et ceci, en prenant comme distance minimale d'approche de Bjerrum [119] a, égale à la somme des rayons d'hydratation de Eu^{3+} et ClO_4^- déduits à partir de la conductivité limite et de la loi de Stokes [118], soit a est approximativement égale à 8 Å, avec :

$$b = | z_1 z_2 | e^2 /(\varepsilon\, k_B.T.a) \qquad (14)$$

avec la charge de l'électron e = 4,80233 .10^{-10} eu, et la constante de Boltzmann k_B = 1,380257 10^{-16} erg.K^{-1}.molécule^{-1}.

Cependant, on remarque que le modèle de Fuoss (Eqs. 11 et 13) représente le mieux le phénomène, et la variation de $\log K_A$ en fonction de $1/\varepsilon$ (Eq. 15) est linéaire pour un paramètre a fixe [121], ou quasi-linéaire pour une valeur de a ajustée au rayon effectif r :

$$\log K_A = A + B.(1/\varepsilon) \qquad (15)$$

avec A = $\log 4\pi N_A\, a^3/3000$ et B = $|z_1 z_2|\, e^2 /(k_B.T.a)$.

L'équation 15 peut être transformée dans cette situation en l'équation 16, moyennant les conditions de l'expérience:

$$\log K_A = -2,6 + 3 \log a\,(Å) + 730,12/(\varepsilon . a\,(Å)) \qquad (16)$$

Cette allure monotone est analogue à celle obtenue pour plusieurs halogénures alcalins à 25°C par Fuoss et coll. [122-123] pour $1/\varepsilon$ < 0,08, c'est-à dire dans le domaine correspondant à notre branche-1, mais ne prévoit pas le pseudo-palier dans la zone-2.

B.II.3.3. *Estimation de la constante d'association*

La mesure des activités radioactives est réalisée à l'aide d'un compteur ß, γ (Packard Instrument). En fait, le coefficient d'autodiffusion ainsi mesuré est un coefficient moyen relatif aux différentes entités qui diffusent en solution [23]. Dans le cas des solutions de $Eu(ClO_4)_3$, il existe quatre entités diffusantes Eu^{3+}, $Eu(ClO_4)^{2+}$, $Eu(ClO_4)_2^+$ et $Eu(ClO_4)_3$ dont les coefficients de diffusion sont respectivement désignés par D_0, D_1, D_2 et D_3.

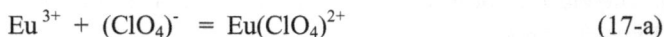

$$Eu^{3+} + (ClO_4)^- = Eu(ClO_4)^{2+} \qquad (17\text{-}a)$$

$$Eu(ClO_4)^{2+} + (ClO_4)^- = Eu(ClO_4)_2^+ \qquad (17\text{-}b)$$

$$Eu(ClO_4)_2^+ + (ClO_4)^- = Eu(ClO_4)_3 \qquad (17\text{-}c)$$

Il a été démontré [23,115] que D expérimental est relié aux différentes D_i par la relation suivante:

$$D = \quad D_i[Eu(ClO_4^-)_i^{3-i}]/[\,Eu^{3+}]_o = \{Do + D_i\beta_i[NO_3^-]^i\}/\{1 + \beta_i[Eu(ClO_4^-)]\} \qquad (18)$$

Le symbole entre crochet ([...]) indique la concentration, $[Eu^{3+}]_o$ indique la concentration molaire totale de $Eu(ClO_4)_3$ utilisée (dans notre cas, elle est de $2 . 10^{-4}$ mol.kg^{-1}). β_i est la constante de complexation (ou d'association) (Eq. 19) qui est, en principe, calculable d'après la théorie de l'association ionique de Bjerrum, dans le cas où cette association a un caractère électrostatique prédominant.

Dans le cas d'une complexation chimique, il nous faudra résoudre un système d'équations à sept inconnues, qui sont D_0, D_1, D_2, D_3, β_1,β_2 et β_3 pour une composition donnée en dioxane.

$$\beta_i = [Eu(ClO_4)_i^{3-i}]/[\,Eu(ClO_4)_{i-1}^{4-i}].[\,ClO_4^-] \qquad (19)$$

Etant donné que nous ne pouvons résoudre les équations (18 et 19) relatives aux constantes conditionnelles d'association, vu le manque de données expérimentales pour d'autres concentrations en électrolytes, nous allons procéder, moyennant certaines approximations, à évaluer qualitativement certaines grandeurs liées à l'association; et à dévoiler les limitations de la théorie de Bjerrum et Fuoss pour les électrolytes asymétriques 3:1, surtout pour les zones riches en dioxane.

En se contentant en première approximation de l'association d'ordre un (Eq- 17-a), nous pourrons estimer grossièrement une valeur du coefficient d'autodiffusion D_p de la paire $EuClO_4^{2+}$ en adoptant la correction de la viscosité ($D_p = D^o_p\eta/\eta_o$). On aura ainsi l'équation 20 où α_A représente le degré d'association, et D_i le coefficient de diffusion de l'ion à l'état libre, loin de tout phénomène d'hydrolyse, d'association ou de complexation [10,15] à $m = 2.10^{-4}$ mol.kg^{-1} en $Eu(ClO_4)_3$,

$$D_{exp} = \alpha_A D_p\eta/\eta_o + (1- \alpha_A) D_i\eta/\eta_o \qquad (20)$$

on a $D_i = 5,84 \ 10^{-6}$ cm^2.s^{-1}.

En substituant à l'équation 20 pour $X = 1$ % et $X = 5$ % on pourra adopter une valeur grossière de $D_p = 1,5 \ 10^{-6}$ cm^2.s^{-1}. Utilisant cette valeur supposée lentement variable, ainsi que la loi d'action de masse qui dérive de l'équation 20, on a comme constante d'association observée (K_{Aobs}) :

$$K_{Aobs} = \alpha_A /(1- \alpha_A) (3- \alpha_A) \gamma^2 C \qquad (21)$$

où C : la concentration de l'électrolyte, γ le coefficient d'activité qui pourrait être estimé égal à l'unité, si nous négligeons en première approximation les effets électrostatiques de relaxation [26-27,92].

La variation de log K_{Aobs} en fonction de $1/\varepsilon$ présente une croissance monotone conforme à la théorie de Bjerrum [119] et Fuoss [120] jusqu'à $1/\varepsilon = 0,1$ (branche-1). Dans la branche-2, $(1/\varepsilon > 0,1)$ les valeurs de log K_{Aobs} varient très peu, et marquent ainsi un pseudo-palier qui sera considéré comme une anomalie pour les théories précédentes.

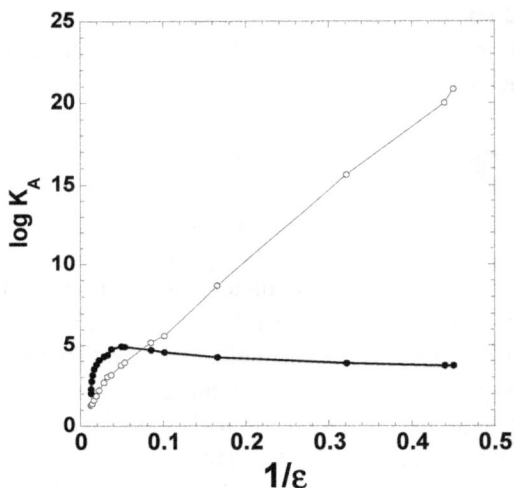

Figure 11 : Logarithme de la constante d'association observée ln K_{Aobs} (carreaux pleins) ; et calculée selon Fuoss [120] ln K_{AFuoss} (carreaux vides), en fonction de l'inverse de la constante diélectrique $1/\varepsilon$ du mélange eau-dioxanne.

B.II.3.4. *Conclusion*

L'étude de l'autodiffusion ionique dans les solutions d'électrolytes nous permet donc de mettre directement en évidence l'influence du solvant et de ses propriétés physico-chimiques en ce qui concerne les coefficients de transport individuels des ions. Elle constitue un nouveau moyen d'approche de la structure des solutions électrolytiques.

L'ensemble des paramètres mesurés et calculés, aboutit à une description cohérente de la structure de cette solution. De même, par la mesure des coefficients d'autodiffusion des ions, nous avons une indication sur la solvatation préférentielle qui se modifie lorsque la composition du solvant varie.

Pour l'électrolyte asymétrique étudié de $Eu(ClO_4)_3$ en solution hydro-organique (de basse constante diélectrique), nous dégageons trois régions distinctes ayant généralement des comportements distincts. Notons que ces régions sont séparées par les fractions molaires suivantes 1/5 (X = 55) et 1/2 (X = 83), soit respectivement ($C_4H_8O_2$:$4H_2O$) et ($C_4H_8O_2$:H_2O). Les régions extrêmes montrent la prépondérance des effets de chaque solvant sur les différentes propriétés et grandeurs physiques, la région intermédiaire montre des compétitions entre les effets spécifiques de chaque solvant, ainsi que des changements de structure et corrélations entre les molécules d'eau et celles du dioxanne.

Signalons qu'une étude utilisant la théorie de relaxation diélectrique peut compléter le travail présent par des quantités plus quantitatives, et montrer une certaine cohérence entre les propriétés physico-chimiques et structurales du milieu, ainsi que la théorie de l'interaction ion-solvant.

Nous avons montré aussi dans cette étude la portée de la théorie de Bjerrum et Fuoss, relative à l'association appliquée à un électrolyte asymétrique et polyvalent dans tout le domaine de composition, c'est à dire jusqu'à des valeurs de constante diélectrique très faibles. Une amélioration de cette théorie nécessite la prise en considération de la constante diélectrique microscopique et les modifications de structure du solvant.

Au cours de notre travail, nous avons appliqué la technique du capillaire (O.E.C.M.) basée sur la diffusion isotopique des traceurs radioactifs, pour étudier les thèmes suivants :

1°) La variation du coefficient d'autodiffusion ionique des cations lanthanides trivalents ^{152}Eu (III), dans les solutions aqueuses à 25°C et à pH 2,5, en fonction de la concentration de l'électrolyte support de sels de terre-rare.

2°) La variation du coefficient d'autodiffusion ionique des cations ^{152}Eu (III) dans les milieux hydro-organiques associant (eau-dioxanne) en fonction de la composition du solvant à 25°C et à concentration fixe ($2\ 10^{-4}$ M) en électrolyte support de perchlorate d'europium (III).

De même à l'aide de densimètre et de viscosimètre de précision nous avons pu étudier expérimentalement la variation de la densité, de la viscosité cinématique et de la viscosité dynamique en fonction de la température et de la concentration des milieux précédemment mentionnés ainsi que pour le mélange binaire critique eau-acide isobutyrique.

Nous avons exploité les résultats de mesures des grandeurs de transport du ^{153}Gd(III) et ^{152}Eu(III) dans les mélanges eau-dioxanne et ceux relatifs aux ions trivalents de lanthanides ^{170}Tm(III), ^{153}Gd(III), ^{157}Tb(III) et ^{152}Eu(III), ainsi que les résultats relatifs aux ions trivalents d'actinides ^{254}Es(III), ^{244}Cm(III), ^{241}Am(III), ^{249}Cf(III) et ^{249}Bk(III) de la littérature, dans les solutions aqueuses en fonction de la concentration.

Nos valeurs obtenues pour les coefficients d'autodiffusion limites $D°_i$ sont en accord avec celles obtenues par conductimétrie réalisée par Rard et Coll. et mises à jour par M'Halla et Coll., compte tenu de l'effet d'hydrolyse. Nous remarquons que les cations trivalents de terres rares étudiés antérieurement et dans le présent travail sont faiblement hydrolysables.

L'étude de la variation du coefficient d'autodiffusion en fonction de la concentration d'électrolyte support dans les solutions aqueuses diluées à pH 2,5 (loin de toute hydrolyse ou de complexation) nous a permis de discuter la limite et la validité de la loi limite d'Onsager en proposant un nouveau test de linéarité et de l'étendre aux solutions moyennement concentrées. Par conséquent, cette étude nous a aussi amené à étendre la loi limite aux milieux moyennement concentrés puis concentrés en proposant un modèle simple à un paramètre ajustable ensuite à deux paramètres et ceci par analogie avec la première extension de Debye-Hückel qui tient compte de la taille de l'ion afin d'atteindre des solutions de concentrations allant jusqu'à 1,5 M.

L'étude de la corrélation entre les phénomènes de diffusion et de viscosité montre que la variation du produit de Walden $D_i\eta$ nous fournit une indication structurale de la solvatation du cation lanthanide (III) étudié. Ce produit marque une certaine constance pour le domaine de faible concentration d'électrolyte support, montrant ainsi une stabilité de structure. Pour des valeurs de concentration moyennes et élevées, une augmentation très rapide de $D\eta$ est observée, traduisant ainsi un changement de structure.

Le présent travail montre une analogie de structure de solvatation des ions trivalents lanthanides avec les ions trivalents actinides de la littérature en solutions aqueuses à pH 2,5, en vue d'en déduire certaines propriétés thermodynamiques. Par conséquent nous avons proposé des valeurs prédictives des conductivités équivalentes limites des cations trivalents d'actinides.

L'étude des phénomènes d'association nous a permis de discuter la validité de la loi de Fuoss dans le cas des électrolytes asymétriques 3:1 et d'estimer une valeur de la première constante d'association K_{A1}. En effet, la variation des coefficients d'autodiffusion D dans les mélanges associants eau-dioxanne (à basse constante diélectrique ε) montre une décroissance rapide de la valeur de D jusqu'à la fraction molaire 0.2 en dioxanne.

L'étude de la viscosité dynamique η relative aux solutions d'électrolytes de terres rares montre que l'effet du sel garde le comportement classique linéaire d'Arrhenius même dans les régions de très forte concentration (11 M). Cependant, l'énergie d'activation de viscosité varie en fonction de la concentration de l'électrolyte support, et présente un minimum aux voisinages de 1 mol.L^{-1}.

L'étude du logarithme de la viscosité ($\ln\eta$) de tous les systèmes étudiés en fonction de l'inverse de la température ($1/T$) absolue dans tout le domaine de composition et de concentrations montre que la viscosité (η) suit la loi d'Arrhenius. Ce qui nous a permis de proposer des modèles semi-empiriques en exponentielle de la composition du système pour étendre son domaine de validité tout en respectant les conditions aux limites.

L'exploitation des résultats de mesures des grandeurs de transport de ^{153}Gd(III) et ^{152}Eu(III) dans les mélanges eau-dioxanne et ceux relatifs aux ^{170}Tm(III), ^{153}Gd(III), ^{157}Tb(III) et ^{152}Eu(III), dans les solutions aqueuses acidulées ainsi que l'étude de la similarité avec les ions actinides trivalents, sur lesquels peu de travaux ont été réalisés jusqu'à ce jour, fournissent des informations récentes et importantes dans le domaine de l'électrochimie des éléments 4f et 5f. Dans son ensemble, le travail présenté paraît apporter une contribution importante à la connaissance des phénomènes de transport des électrolytes asymétriques du type 3:1.

Dans la continuité des travaux de recherche en perspectives et en collaboration avec des Chercheurs Tunisiens et Etrangers ainsi qu'avec des Mathématiciens et Théoriciens, nous allons s'intéresser aux thèmes suivants (http://orcid.org/0000-0002-8343-0510):

1* Proposition d'une expression qui explicite la variation des valeurs des coefficients d'autodiffusion limite et de conductivité équivalente limite des cations trivalents de lanthanides et d'actinides en fonction des paramètres de structure.

2* Validité et compétition entre certains modèles empiriques et semi-empiriques proposés dans la littérature.

3* Amélioration, extension et généralisation de certains modèles empiriques proposés, par leur modification ou en leur donnant une signification physique à certains de leurs paramètres ajustables.

4* Etude efficace de l'effet des paramètres de structure sur la viscosité des systèmes liquides en vu d'une contribution théorique à une modélisation au vrai sens du terme.

5* Etude des ajouts de sels sur les mélanges binaires liquides à miscibilité totale « salting-out-effect » qui conduit à une séparation de phase (démixtion).

Notons que quelques travaux ont été réalisés ultérieurement jusqu'à la date fin 2015 sont indiquée par les articles publiés et mentionnés dans la section « Références Supplémentaires », http://www.researchgate.net/profile/Noureddine_Ouerfelli/.

Nous projetons aussi de proposer des corrélations causales entre certaines propriétés physicochimiques dans les liquides pures et certains mélanges binaires liquides et nano fluides, http://scholar.google.fr/citations?user=CHG0eDQAAAAJ&hl=fr.

[1] J.B. Irving, "Viscosity of liquid mixtures". NEL Report Numbers 630 and 631, National Engineering. Laboratory, East Kilbride, Glasgow (1977).

[2] S.W. Benson, "Thermochemical Kinetics", 2nd edn. Wiley, New York (1976).

[3] Lancaster Handbook: "Produits Chimiques pour la Recherche" (2004–2005) (French edition).

[4] J.A. Dean, "Handbook of Organic Chemistry". McGraw-Hill, New York (1987).

[5] N. Indraswati, K. Mudjijati, F. Wicaksana, H. Hindarso, S. Ismadji, J. Chem. Eng. Data **46** 696–702 (2001).

[6] S. Glasstone, K.J. Laidler, H. Eyring, "The Theory of Rate Process". McGraw-Hill, New York (1941).

[7] J.V. Herráez, R. Belda, O. Díez, M. Herráez, J. Solution Chem. **37** (2008) 233–248.

[8] R. Belda, Fluid Phase Equilibria **282** (2009) 88–99.

[9] R. Besbes, N. Ouerfelli, M. Abderabba, H. Latrous, 2010 *IOP Conf. Ser.: Mater. Sci. Eng.* **9**, 012079 pp1-6. doi : 10.1088/1757-899X/9/1/012079.

[10] N. Ouerfelli, H. Latrous, M. Ammar. J. Mol. Liq. **146** (1) (2009) 52-59. doi, 10.1016/j.molliq. 2009.02.002.

[11] H. Latrous, R. Besbes, N. Ouerfelli, J. Mol. Liq. **138** (2008) 51-54.

[12] N. Ouerfelli, H. Latrous, *"Hydration of the trivalent lanthanide ion [152]Eu(III) in aqueous solutions at 298 K and similarity with the trivalent transplutonium element ion [241]Am(III)."* CNSTN, Premières Journées des Sciences et Technologies Nucléaires, JSTN-2005, Hammamet 8-10 Déc. 2005. P.III.15 p 83. (par affiche).

[13] N. Ouerfelli, H. Latrous, *"Ionic self-diffusion coefficient and structure of trivalent lanthanide ion,[152]Eu(III) in concentrated aqueous solutions."* CNSTN, Premières Journées des Sciences et Technologies Nucléaires, JSTN-2005, Hammamet 8-10 Déc. 2005. P.III.14 p 82. (par affiche).

[14] N. Ouerfelli, H. Latrous, M. Ammar, Proc. of the Int'l. Conf. on Cond. Matter Phys. & Appl. Bahrain, Omega Scientific, Oxon U.K., 1992, p 419.

[15] N. Ouerfelli, M. Ammar, H. Latrous, J. Chim. Phys. **91** (1994) 1786.

[16] H. Latrous, J. Oliver, M. Chemla, Zeits. für Physika. Chemie **202** (1998) S195-205.

[17] H. Latrous, M. Ammar, J. M'Halla, J. Radiochem. Radioanal. Lett. **53** (1) (1982) 33 Correction (pH = 2.50 and not pH = 6 as printed).

[18] H. Latrous, J. Oliver, J. Radioanal. Nucl. Chem. **156** (2) (1992) 291-296.

[19] H. Latrous, J. Oliver, J. Mol. Liq. **81** (1999) 115.

[20] N. Ouerfelli, M. Ammar, H. Latrous, J. Phys.: Condens. Matter **8** (1996) 8173.

[21] N. Ouerfelli, H. Latrous, M. Ammar, Proc. of the Int'l. Conf. on Cond. Matter Phys. & Appl. Bahrain, Omega Scientific, Oxon U.K., 1992, p. 415.

[22] H. Latrous, J. Oliver, M. Chemla, J. Radiochem. Radioanal. Lett. **53** (2) (1982) 81-88.

[23] H. Latrous, J. M'Halla, M. Chemla, J. Radiochem. Radioanal. Lett. **38** (5–6) (1979) 355.

[24] H. Latrous, J. Oliver, Communication Actinides, 1989 (Tashkent).

[25] H. Latrous, Rev. Fac.Sc. Tunis, **I** (1981) 75, Chem. Abst. **99** (1983) 128643.

[26] P. Debye, E. Hückel, Phys. Z. **24** (1923) 185.

[27] P. Debye, Trans. Faraday Soc. **23** (1927) 334.

[28] L. Onsager, Trans Faraday Soc. **23** (1927) 341.

[29] L. Onsager, R.M. Fuoss, J. Phys. Chem. **61** (1932) 2689.

[30] L. Onsager, Ann. N.Y. Acad. Sci. **46** (1945) 263.

[31] R. Fuoss, L. Onsager, Proc. Natl. Acad. Sci. U.S. **41** (1955) 274.

[32] R. Fuoss, L. Onsager, J. Phys. Chem. **61** (1957) 668.

[33] B. Fourest, J. Duplessis, F. David, A.C.R. Acad. Sc. Paris **294** (1982) 1179.

[34] B. Fourest, J. Duplessis, F. David, Radiochim. Acta **36** (1984) 191.

[35] B. Fourest, J. Perrone, P. Tarapcik, E. Giffaut, J. Solution Chem. **33** (8) (2004) 957.

[36] B. Fourest, J. Duplessis, F. David, J. Less. Common Met. **92** (1983) 17.

[37] P. Turq, F. Lantelme, H.L. Friedman, J. Chem. Phys. **66** (1977) 3039.

[38] P. Turq, B. Brun, M. Chemla, J. Chim. Phys. **70** (4) (1973) 669.

[39] F. David, J. Chim. Phys. **83** (6) (1986) 393.

[40] F. David, J. Less-Com. Met. **121** (1986) 27.

[41] F. David, B. Fourest, New J. Chem. **21** (1997) 167.

[42] O. Redlich, A.T. Kister, Ind. Eng. Chem. **40** (1948) 345–348.

[43] L. Grunberg, A.H. Nissan, Nature **164** (1949) 799–800.

[44] N. Ouerfelli, H. Latrous, M. Ammar, (Phys. Chem. Liq.) *Soumis, Article N° A17.*

[45] F.H. Spedding, S. Jaffe, J. Am. Chem. Soc. **76** (1954) 884.

[46] N. Ouerfelli, M. Bouanz, J. Phys. Condens. Matter **8** (1996) 2763-2774.

[47] J. M'Halla, R. Besbes, S. M'Halla, J. Soc. Chim. Tunisie **4** (2001) 1300 n°10.

[48] R. Besbes, N. Ouerfelli, H. Latrous. J. Mol. Liq. **145** (1) (2009) 1-4.

[49] N. Ouerfelli, M. Bouanz. J. Solution Chem. **35** (1) (2006) 121-137.

[50] N. Ouerfelli, T. Kouissi, N. Zrelli, M. Bouanz. J. Solution Chem. **38** (8) (2009) 983-1004.

[51] E. Cherif, N. Ouerfelli, M. Bouaziz, Phys. Chem. Liq. In press 2011 *Soumis, Article N° A13.*

[52] A. Toumi, M. Bouanz, Euro. Phys. J. **E2** (2000) 211-216.

[53] A. Toumi, M. Bouanz, A. Gharbi, Chem. Phys. Lett. **362** (2002) 567-573.

[54] E. Cherif, M. Bouanz, Phys. Chem. Liq. **44** (2007) 649-661.

[55] T. Kouissi, M. Bouanz, N. Ouerfelli. J. Chem. Eng. Data **54** (2) (2009) 566-573.

[56] M.A. Anisimov, A.A. Povodyrev, V.D. Kulikov, J.V. Sengers, Phys. Rev. Lett. **75** (1995) 3146-3149.

[57] S. C. Greer, Phys. Rev. A **14** (1976) 1770-1780.

[58] M.A. Anisimov, S.B. Kiselev, J.V. Sengers, S. Tang, Physica A **188** (4) (1992) 487-525.

[59] M. Wagner, O. Stanga, W. Schröer, Phys. Chem. Chem. Phys. **6** *(2004)* 4421–4431.

[60] M. Levy, J.-C. Le Gillou, J. Zinn-Justin, *Phase Transitions, Cargèse (1980)*, Eds. Plenum: New York, (1982).

[61] F.J. Wegner, Phys. Rev. B **5** (1972) 4529-4536.

[62] D. Beysens, A. Bourgou, P. Calmettes, Phys. Rev. A **29** *(*1982) 3589–3609.

[63] K.I. Gutkowski, H.L. Bianchi, M.L. Japas, J. Phys. Chem. B **111** *(*2007) 2554–2564.

[64] Y.C. Kim, M.E. Fisher, G. Orkoulas, Phys. Rev. E **67** *(*2003) 061506.

[65] C.A. Cerdeiriná, M.A. Anisimov, J.V. Sengers, Chem. Phys. Lett. **424** *(*2006) 414–419.

[66] J. Wang, M.A. Anisimov, Phys. Rev. E *75* *(*2007) 051107.

[67] J. Wang, C.A. Cerdeirinã, M.A. Anisimov, J.V. Sengers, *Phys. Rev. E* **77** (2008) 031127.

[68] J. Rex Goates, Ralph J. Sullivan, J. Phys. Chem. **62** (1958) 188.

[69] M. Bouanz, Phys. Rev. A **46** (1992) 4888.

[70] M. Bouanz, A.Gharbi, J. Phys.: Condens. Matter **6** (1994) 4429.

[71] G. Jones, M. Dole, J. Am. Chem. Soc. **51** (1929) 2950.

[72] L. Lee, Y. Lee, Fluid Phase Equilib. **181** (2001) 47–58.

[73] L. Qunfang, H. Yu-Chun, Fluid Phase Equilib. **154** (1999) 153–163.

[74] R. Macias-Salinas, F. Garcia-Sanchez, G. Eloisa-Jimenez, Fluid Phase Equilib. **210** (2003) 319–334.

[75] R. J. Fort, W.R. Moore, Trans. Faraday Soc. **62** (1966) 1112.

[76] R.H. Hind, E. McLaughlin, A.R. Ubbelohde, Trans. Faraday Soc. **56** (1960) 328–334.

[77] P.K. Katti, M.M. Chaudhri, J. Chem. Eng. Data **9** (1964) 442–443.

[78] E.L. Heric, J.C. Brewer, J. Chem. Eng. Data **12** (1967) 574–583.

[79] R.A. McAllister, Am. Inst. Chem. Eng. **6** (1960) 427–431.

[80] G. Auslander, Br. Chem. Eng. **9** (1964) 610–618.

[81] E. A. Guggenheim, Trans. Faraday Soc. **33** (1937) 151.

[82] G. Scatchard, Chem. Rev. **44** (1949) 7.

[83] J.E. Desnoyers, G. Perron, J. Solution Chem. **26** (8) (1997) 749-755.

[84] G. Perron, L. Couture, J.E. Desnoyers, J. Solution Chem. **21** (1992) 433.

[85] N. Ouerfelli, O. Iulian, M. Bouaziz, Phys. Chem. Liq. **4** (2010) 488–513.

[86] N. Ouerfelli, T. Kouissi, O. Iulian. J. Solution Chem. **39** (1) (2010) 57-75.

[87] G. Jones, S. K. Talley, J. Am. Chem. Soc. **55** (1933) 624.

[88] T. Nakagawa, J. Mol. Liq. **63** (1995) 303-316.

[89] M. Kaminsky, Z. Phys. Chem. Neue Folge, **5** (1955) 154; **8** (1956) 173; **12** (1957) 206.

[90] N. Ouerfelli, M. Bouaziz, *"Modelling and Generalization of Herráez Equation for the Correlation of Different Properties of Binary Liquid Mixtures. Classification and Improvement."* J. Solution. Chem. En préparation.

[91] H. Falkenhagen, M. Dole, Z. Phys. **30** (1929) 611.

H. Falkenhagen, Z. Phys. **32** (1931) 745.

H. Falkenhagen, E.L. Vernon, Z. Phys. **33** (1932) 140.

[92] T. Erdey Gruz, "Transport Phenomena In Aqueous Solutions" (London: AHPB, 1958)

[93] F.H. Spedding, M.J. Pikal, J. Phys. Chem. **70** (1966) 2430.

[94] M. Afzal, M. Saleem, M. Tariq Mahmoud, J. Chem. Eng. Data, **34** (1989) 339-346.

[95] M. Jardat, O. Bernard, P. Turq, G.R. Kneller, J. Chem. Phys. **110** (6) (1999) 7993.

[96] P. Turq, F. Lantelme, H.L. Friedman, J. Chem. Phys. **66** (1977) 3039.

[97] M.D. Wood, H.L. Friedman, Zeits. Phys. Chem. **155** (1987) 121.

[98] F.M. Floris, A. Tani, J. Chem. Phys. **115** (10) (2001) 4750.

[99] H.-B. Shi, G.-H. Gao, Y.X. Yu, Fluid Phase Equilibria **228–229** (2005) 535.

[100] M. Jardat, S. Durand-Vidal, P. Turq, G.R. Kneller, J. Mol. Liq. **85** (2000) 45.

[101] M. Jardat, B. Hribar-Lee, V. Vlachy, Phys. Chem. Chem. Phys. **10** (2008) 449.

[102] J.O'M. Bockris, Modern Aspects of Electrochemistry, N¡2 Butterwoths, SC. Pub. (1959).

[103] J.O'M. Bockris, A.K.N. Reddy, Modern Electrochemistry, Plenum Press, New York (1970).

[104] H. Weingärtner, B.M. Braun, J.M. Schmoll, J. Phys. Chem. **91** (4) (1987) 979.

[105] E.R. Nightingale Jr. J. Phys. Chem. **63** (1959) 1381.

[106] E.G.D. Cohen, T.J. Murphy, J. Chem. Phys. **53** (6) (1970) 2173

[107] S.K. Kim, L. Onsager, J. Phys. Chem. **61** (1957) 215.

[108] M.S. Chen, Thesis, Yale University (1969).

[109] G. Hertz, Berichte der Busen, Gellschaft für Physikalische Chemic (früher Zeits Chrift für Elektrochemi) Band 75, Heft 3/4 (1971).

[110] M. Ammar, M. Bouanz, J. M'Halla, J. Chim. Phys. **87** (1990) 233-254.

[111] R. Zwanzig, J. Chem. Phys. **38** (1) (1963) 1603; **52** (7) (1970) 3625.

[112] P. Turq, Chem. Phys. Lett. **15** (1972) 579.

[113] P. Turq, F. Lantelme, M. Chemla, Electrochim.Acta **14** (1969) 1081.

[114] P. Turq, F. Lantelme, J. Roumegous, M. Chemla, J. Chim. Phys. **68** (1971) 527.

[115] P. Turq, R. Deloncle, M. Chemla, J. Chim. Phys. **68** (1971) 1305.

[116] H. Latrous, P. Turq, M. Chemla; J. Chim. Phys. **69** (1972) 1650.

[117] P. Turq, D. Ilzycer, M. Chemla; J. Chim.Phys. **2** (1974) 233.

[118] R.A. Robinson, R.H. Stokes, 'Electrolyte Solutions', Butterworth and Co., 2nd. Ed. (1959), 5th Impression (1970).

[119] N. Bjerrum, Z. Elektrochem., **24** (1918) 321;
N. Bjerrum, Danske. Videusk. Selsh., **7** (1926) N¡9.

[120] R.M. Fuoss, J. Amer. Chem. Soc., **80** (1958) 5059.

[121] R.M. Fuoss, C.A. Kraus, J. Amer. Chem. Soc., **79** (1957) 3304.

[122] J.E. Lind, R.M. Fuoss, J. Phys. Chem. **65** (1961) 999, 1414; **66** (1962) 1727;
R.W. Kunze, R.M. Fuoss, J. Phys. Chem. **67** (1963) 911, 914;
J.C. Justice, R.M. Fuoss, J. Phys. Chem. **67** (1963) 1707.

[123] T.L. Fabry, R.M. Fuoss, J. Phys. Chem. **68** (1964) 971, 974.

Références Supplémentaires

Articles Soumis

B.49. L. Snoussi, N. Ouerfelli, R. Chouikh, F.B.M. Belgacem, A. Guizani, "Nanofluid Filled U-Shaped Enclosures Natural Convection Heat Transfer Enhancement: Heuristic and Numerical Investigations." Chemical Engineering Communications. (Awaiting Admin Processing) 30.11.2015.

B.48. R.B. Haj-Kacem, N. O. Alzamel, N.A. Al-Omair, M.A. Alkhaldi, A.A. Al-Arfaj, N. Ouerfelli. "A Simplified viscosity Arrhenius-type equations for light and heavy pure liquids" Physics and Chemistry of Liquids.

B.47. M. Dallel, N.A. Al-Omair, A.A. Al-Arfaj, M.A. Alkhaldi, N.O. Alzamel, <u>A.A. Al-Zahrani</u>, N. Ouerfelli. "A novel approach of partial derivatives to estimate the viscosity Arrhenius temperature in N,N-dimethylformamide + ethanol binary mixtures at atmospheric pressure" Physics and Chemistry of Liquids.

B.46. H. Salhi, N.A. Al-Omair*, A.A. Al-Arfaj, <u>M.A. Alkhaldi</u>, <u>N.O. Alzamel</u>, K.Y. Alqahtani, N. Ouerfelli. "Causal correlation between the viscosity Arrhenius activation energy and boiling temperature in N,N-dimethylformamide + 2-

propanol binary mixtures in the temperature interval from (303.15 to 323.15) K." Physics and Chemistry of Liquids.

B.45. L. Snoussi, R. Chouikh, N. Ouerfelli, A. Guizani. "Numerical Simulation of Heat Transfer Enhancement for Natural Convection in a Cubical Enclosure filled with Al_2O_3/water and Ag/water Nanofluids." Physics and Chemistry of Liquids.

B.44. N.A. Al-Omair, D. Das, L. Snoussi, B. Sinha, R. Pradhan, K. Acharjee, K. Saoudi*, N. Ouerfelli. "A partial derivatives approach for estimation of the viscosity Arrhenius temperature in N,N-dimethylformamide + 1,4-dioxane binary fluid mixtures at temperatures from 298.15 K to 318.15 K." Physics and Chemistry of Liquids.

B.40. M. Hichri*, N. Ouerfelli, I. Khattech. "Isobaric Vapour-Liquid phase diagram and excess properties at 298.15 K for the binary system N,N-dimethylacetamide + 2-éthoxyethanol." Chemical Engineering Communications.

Articles Publiés

A.42. R. Ben Haj-Kacem*, N. Ouerfelli. J.V. Herráez. "Viscosity Arrhenius Parameters Correlation: Extension from Pure to Binary Liquid Mixtures." Physics and Chemistry of Liquids. 53, Issue (6), 2015, 776–784 doi: 10.1080/00319104.2015.1048248

A.41. A. Messaâdi, N. Dhouibi, H. Hamda, F.B.M. Belgacem, Y. Adbelkader, N. Ouerfelli*, A.H. Hamzaoui. "A novel equation correlating the viscosity Arrhenius temperature and the activation energy for some classical solvents." Journal of Chemistry,Volume 2015 (2015), Article ID 163262, 12 pages http://dx.doi.org/10.1155/2015/163262

A.40. Z. Trabelsi, M. Dallel, H. Salh, D. Das, N.A. Al-Omair, N. Ouerfelli. "On the viscosity Arrhenius temperature for methanol + N,N-dimethylformamide binary mixtures over the temperature range from 303.15 K to 323.15 K." Physics and Chemistry of Liquids. 53, Issue (4), 2015, 529–552. doi: 10.1080/00319104.2014.947372

A.39. A. Messaâdi, H. Salhi, D. Das, N.O. Alzamel, M.A. Alkhaldi, N. Ouerfelli, A.H. Hamzaoui. "A novel approach to discuss the Viscosity Arrhenius behavior and to derive the partial molar properties in binary mixtures of N,N-dimethylacetamide with 2-methoxyethanol in the temperature interval (from 298.15 to 318.15) K." Physics and Chemistry of Liquids. 53, Issue (4), 2015, pp 506–517. doi: 10.1080/00319104.2015.1007980

A.38. D. Das*, H. Salhi, M. Dallel, Z. Trabelsi, A.A. Al-Arfaj, N. Ouerfelli. "Viscosity Arrhenius activation energy and derived partial molar properties in isobutyric acid + water binary mixtures near and far away from critical temperature from 302.15 K to 313.15 K." Journal of Solution Chemistry 44, (1) (2015) 54-66. doi: 10.1007/s10967-014-0289-6.

A.37. N. Dhouibi*, M. Dallel, D. Das, M. Bouaziz, N. Ouerfelli, A.H. Hamzaoui. "Notion of viscosity Arrhenius temperature for N,N-dimethylacetamide with N,N-dimethylformamide binary mixtures and its pure components." Physics and Chemistry of Liquids. 53, Issue (2), 2015, pp 275–292 link: doi:10.1080/00319104.2014.972552

A.36. H. Salhi*, M. Dallel, Z. Trabelsi, N.O. Alzamel, M.A. Alkhaldi, N. Ouerfelli. "Viscosity Arrhenius activation energy and derived partial molar properties in methanol + N,N-dimethylacetamide binary mixtures the temperatures from 298.15 K to 318.15 K." Physics and Chemistry of Liquids. 53, (1), 2015 117–137. doi: 10.1080/00319104.2014.956170 ;

A35. R. Ben Haj-Kacem, N. Ouerfelli. J.V. Herráez, M. Guettari, H. Hamda, M. Dallel. "Contribution to modeling the viscosity Arrhenius type-equation for some solvents by statistical correlation analysis." Fluid Phase Equilibria, Volume 383, (2014) 11-20. doi: 10.1016/j.fluid.2014.09.023.

A.34. M. Dallel, D. Das, E.S. Bel Hadj Hmida, N.A. Al-Omair, A.A. Al-Arfaj, N. Ouerfelli. "Derived partial molar properties investigations of viscosity Arrhenius parameters in formamide + N,N-dimethylacetamide systems at different temperatures." Physics and Chemistry of Liquids. 52, (3), 2014, 442–451. doi: 10.1080/00319104.2013.871669 ;

A.33. M. Hichri*, R. Besbes, Z. Trabelsi, N. Ouerfelli, I. Khattech. "Isobaric Vapor-Liquid phase diagram and excess properties for the binary system 1,4-dioxane + water at 298.15 K, 318.15 K and 338.15 K." Physics and Chemistry of Liquids. 52, (3) 2014, pp 373–387. doi: 10.1080/00319104.2013.833618 ;

A.32. N. Ouerfelli, D. Das, H. Latrous, M. Ammar, J. Oliver. "Transport behaviour of the lanthanide ^{152}Eu(III), ^{153}Gd(III) and ^{170}Tm(III) and transplutonium element ^{254}Es(III), ^{244}Cm(III), ^{241}Am(III), ^{249}Cf(III) and ^{249}Bk(III) ions in aqueous solutions at 298 K." Journal of Radioanalytical and Nuclear Chemistry. Vol. 300, Issue 1 (2014), pp 51-55. doi: 10.1007/s10967-014-2965-9 ;

A.31. M. Hichri, D. Das, A. Messaâdi, E.S. Bel Hadj Hmida, N. Ouerfelli, I. Khattech. "Viscosity Arrhenius activation energy and derived partial molar properties in binary mixtures of N,N-dimethylacetamide with 2-ethoxyethanol in the temperature interval (from 298.15 to 318.15) K." Physics and Chemistry of Liquids. 51, (6) (2013) 721 – 730. doi: 10.1080/00319104.2013.802210 ;

A.30. D. Das, A. Messaâdi, N. Dhouibi, N. Ouerfelli, A.H. Hamzaoui. "Viscosity Arrhenius activation energy and derived partial molar properties in water + N,N-dimethylacetamide binary mixtures from 298.15 K to 318.15 K." Physics and

Chemistry of Liquids. 51, (5) (2013) 677 – 685. doi: 10.1080/00319104.2013.777960 ;

A.29. N. Ouerfelli, M. Bouaziz, J.V. Herráez "Treatment of Herráez Equation Correlating Viscosity in Binary Liquid Mixtures exhibiting strictly monotonous distribution." Physics and Chemistry of Liquids. 51, (1) (2013) 55 – 74. doi: 10.1080/00319104.2012.682260 ;

A.28. A. Messaâdi, N. Ouerfelli, D. Das, H. Hamda, A.H. Hamzaoui. "Correspondence between Grunberg-Nissan, Arrhenius and Jouyban-Acree parameters for viscosity of isobutyric acid + water binary mixtures from 302.15 K to 313.15 K." Journal of Solution Chemistry 41, (12) (2012) 2186-2208. doi: 10.1007/s10953-012-9931-3.

A.27. D. Das, A. Messaâdi, N. Dhouibi, N. Ouerfelli. "Investigations of the Relative Reduced Redlich-Kister and Herráez Equations for Correlating Excess properties of N,N-dimethylacetamide + 2-ethoxyethanol Binary Mixtures at Temperatures from 298.15 K to 318.15 K." Physics and Chemistry of Liquids. 50, (6) (2012) 773 – 797. doi: 10.1080/00319104.2012.717893 ;

A.26. N. Dhouibi, A. Messaâdi, M. Bouaziz, N. Ouerfelli, A.H. Hamzaoui. "Correspondence between Grunberg-Nissan, Arrhenius and Jouyban-Acree parameters for viscosity of 1,4-dioxane + water binary mixtures from 293.15 K to 320.15 K." Physics and Chemistry of Liquids. 50, (6) (2012) 750 – 772. doi: 10.1080/00319104.2012.717892 ;

A.25. D. Das, Z. Barhoumi, N. Dhouibi, M.A.M.K. Sanhoury, N. Ouerfelli. "The Reduced Redlich-Kister Equations for Correlating volumetric and viscosimetric properties of N,N-dimethylacetamide + N,N-dimethylformamide Binary Mixtures at Temperatures from 298.15 K to 318.15 K." Physics and Chemistry of Liquids. 50, (6) (2012) 712 – 734. doi: 10.1080/00319104.2012.713553 ;

A.24. D. Das, A. Messaâdi, Z. Barhoumi, N. Ouerfelli. "The Relative Reduced Redlich-Kister Equations for Correlating Excess properties of N,N-dimethylacetamide + water Binary Mixtures at Temperatures from 298.15 K to 318.15 K." Journal of Solution Chemistry 41, (9) (2012) 1555-1574. doi: 10.1007/s10953-012-9888-2

A.23. D. Das, N. Ouerfelli. "The Relative Reduced Redlich-Kister and Herráez Equations for Correlating Excess properties of N,N-dimethylacetamide + formamide Binary Mixtures at Temperatures from 298.15 K to 318.15 K." Journal of Solution Chemistry. 41, (8) (2012) 1334-1351. doi: 10.1007/s10953-012-9878-4

A.22. R. Besbes, N. Ouerfelli, M. Abderabba, P. Lindqvist-Reis, H. Latrous. "Investigation of the Self-Diffusion Coefficients of Trivalent Gd^{3+} in aqueous solutions: the Effect of Hydrolysis and nitrate ion association." Mediterranean

Journal of Chemistry 2012, 1 (6), 334-346. doi: http://dx.doi.org/10.13171/mjc.1.6.2012.27.07.18 .

A.21. R. Besbes, N. Ouerfelli, M. Abderabba. "Study of Chemical Interactions in Binary mixture water-1,4-dioxane : Neighbourhood and Associated Model Approach." Mediterranean Journal of Chemistry 2012, 1 (6), 289-302. doi: http://dx.doi.org/10.13171/mjc.1.6.2012.05.06.12

A.20. D. Das, Z. Barhoumi, N. Ouerfelli. "The Relative Reduced Redlich-Kister and Herráez Equations for Correlating Excess properties of N,N-dimethylacetamide + 2-methoxyethanol Binary Mixtures at Temperatures from 298.15 K to 318.15 K." Physics and Chemistry of Liquids. 50, (3) (2012) 346–366. doi: 10.1080/00319104.2011.646516 ;

A.19. N. Ouerfelli, Z. Barhoumi, O. Iulian. "Viscosity Arrhenius activation energy and derived partial molar properties in 1,4-dioxane + water binary mixtures from 293.15 K to 323.15 K." Journal of Solution Chemistry 41, (3) (2012) 458-474. doi: 10.1007/s10953-012-9812-9

A.18. N. Ouerfelli, A. Mgaidi, H. Latrous, M. Ammar, M. Abderabba "Investigation of the ionic self-diffusion coefficients of the trivalent lanthanide [152]Eu (III) in diluted $Eu(ClO_4)_3$ solutions in 1,4-dioxane + water mixtures at 298.15 K." Physics and Chemistry of Liquids. 50, (2), 2012, 222 – 241. doi: 10.1080/00319104.2011.561347 ;

A.17. N. Ouerfelli, O. Iulian, R. Besbes, Z. Barhoumi, N. Amdouni. "On the validity of the correlation-Belda equation for some physical and chemical properties in 1,4-dioxane + water mixtures." Physics and Chemistry of Liquids. 50, (1), 2012, 54 – 68. doi: 10.1080/00319104.2010.494246 ;

A.16. N. Ouerfelli, Z. Barhoumi, R. Besbes, N. Amdouni, "The reduced Redlich-Kister excess molar Gibbs energy of activation of viscous flow and derived properties in 1,4-dioxane + water binary mixtures from 293.15 K to 309.15 K." Physics and Chemistry of Liquids. 49, (6), 2011, 777 – 800. doi: 10.1080/00319104.2010.521927 ;

A.15. N. Ouerfelli, A. Messaâdi, E. Bel Hadj H'mida, E. Cherif, N. Amdouni. "Validity of the correlation-Belda equation for some physical and chemical properties in isobutyric acid + water mixtures near and far away from critical temperature." Physics and Chemistry of Liquids. 49, (5), 2011, 655 – 672. doi: 10.1080/00319104.2010.517204 ;

A.14. R. Besbes, N. Ouerfelli, H. Latrous, "The structure of trivalent f-element ions Gd^{3+} and Bk^{3+} in aqueous solutions. Association and hydration study versus pH." Plutonium Futures - The Science 2010, Code 84208, Pages 136-137. ISBN: 978-089448082-9.

A.13. E. Cherif, N. Ouerfelli, M. Bouaziz, "Competition between Redlich-Kister and adapted Herráez equations of correlation conductivities in isobutyric acid + water binary mixtures near and far away from the critical temperature." Physics and Chemistry of Liquids. Volume 49, (2), 2011, 155 – 171. doi: 10.1080/00319100903074593 ;

A.12. N. Ouerfelli, O. Iulian, M. Bouaziz, "Competition between Redlich-Kister and improved Herráez equations of correlation viscosities in 1,4-dioxane + water binary mixtures at different temperatures." Physics and Chemistry of Liquids. Vol. 48, (4), 2010, 488–513. doi: 10.1080/00319100903131559 ;

A.11. R. Besbes, N. Ouerfelli, M. Abderabba, H. Latrous. "Self-diffusion coefficients and structure of the trivalent f-elements ions series in dilute and moderate concentrations aqueous solutions. Comparative study between Europium, Gadolinium, Terbium and Berkelium." 2010 *IOP Conf. Ser.: Mater. Sci. Eng.* 9, 012079 pp 1-6. doi : 10.1088/1757-899X/9/1/012079

A.10. N. Ouerfelli, T. Kouissi, O. Iulian, "The Relative Reduced Redlich-Kister and Herráez equations for correlation viscosities of 1,4-dioxane + water mixtures at temperatures from 293.15 K to 323.15 K." Journal of Solution Chemistry 39, (1) (2010) 57-75. doi: 10.1007/s10953-009-6484-2

A.9. N. Ouerfelli, T. Kouissi, N. Zrelli, M. Bouanz. "Competition of correlation viscosities equations in isobutyric acid + water binary mixtures near and far away from the critical temperature." Journal of Solution Chemistry 38, (8) (2009) 983-1004. doi: 10.1007/s10953-009-6423-2

A.8. N. Ouerfelli, H. Latrous, M. Ammar. "An equation for self-diffusion coefficients of the trivalent lanthanide ion ^{152}Eu (III) in concentrated aqueous solutions at pH 2.50 and at 298.15 K." Journal of Molecular Liquids, 146 (1) (2009) 52-59. doi: 10.1016/j.molliq. 2009.02.002

A.7. R. Besbes, N. Ouerfelli, H. Latrous. "Density, dynamic viscosity, and derived properties of binary mixtures of 1,4-dioxane with water at $T = 298.15$ K" Journal of Molecular Liquids, 145 (1) (2009) 1-4. doi: 10.1016/j.molliq.2008.09.009

A.6. T. Kouissi, M. Bouanz, N. Ouerfelli. "KCl-Induced Phase Separation of 1,4-Dioxane + Water Mixtures Studied by Electrical Conductivity and Refractive Index" Journal of Chemical & Engineering Data 54 (2) (2009) 566-573. doi: 10.1021/je8005002

A.5. H. Latrous, R. Besbes, N. Ouerfelli "Self-diffusion coefficients and structure of the trivalent f-element ions, Eu, Gd, Am, Bk and Es in aqueous diluted and concentrated solutions (III) in concentrated aqueous solutions." Journal of Molecular Liquids 138 (2008) 51-54. doi:10.1016/j.molliq.2007.07.004

A.4. N. Ouerfelli, M. Bouanz. "Excess molar volume and viscosity of isobutyric Acid + water mixtures near and far away from the critical temperature." Journal of Solution Chemistry 35 (1) (2006) 121-137. doi: 10.1007/s10953-006-8944-1

A.3. N. Ouerfelli, M. Ammar, H. Latrous. "Ionic self-diffusion coefficients of ^{153}Gd (III) in Gd(NO$_3$)$_3$ solutions in water-dioxane mixtures at 25°C." J. Phys.: Condens. Matter 8 (1996) 8173-8181. doi: 10.1088/0953-8984/8/43/013

A.2. N. Ouerfelli, M. Bouanz. "A shear viscosity study of cerium (III) nitrate in concentrated aqueous solutions at different temperatures." J. Phys.: Condens. Matter 8 (1996) 2763-2774. doi: 10.1088/0953-8984/8/16/005

A.1. N. Ouerfelli, M. Ammar, H. Latrous. "Self-diffusion coefficients of the trivalent lanthanide ion ^{153}Gd (III) and ^{170}Tm (III) in concentrated aqueous solutions." Journal de Chimie Physique 91 (1994) 1786-1795. (http://orcid.org/0000-0002-8343-0510).

www.ingramcontent.com/pod-product-compliance
Lightning Source LLC
Chambersburg PA
CBHW021603210326
41599CB00010B/580